ADOLPHE JOANNE

GÉOGRAPHIE

DE

LA MEUSE

9 gravures et une carte

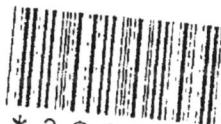

HACHETTE ET CIE

GÉOGRAPHIE

DU DÉPARTEMENT

DE

LA MEUSE

AVEC UNE CARTE COLORIÉE ET 9 GRAVURES

PAR

ADOLPHE JOANNE

AUTEUR DU DICTIONNAIRE GÉOGRAPHIQUE ET DE L'ITINÉRAIRE
GÉNÉRAL DE LA FRANCE

PARIS

LIBRAIRIE HACHETTE ET Cie

79, BOULEVARD SAINT-GERMAIN, 79

1881

TABLE DES MATIÈRES

DÉPARTEMENT DE LA MEUSE

I	1	Nom, formation, situation, limites, superficie.	3
II	2	Physionomie générale.	4
III	3	Cours d'eau ; canaux	7
IV	4	Climat.	19
V	5	Curiosités naturelles.	19
VI	6	Histoire.	20
VII	7	Personnages célèbres.	30
VIII	8	Population, langue, culte, instruction publique.	32
IX	9	Divisions administratives	33
X	10	Agriculture.	38
XI	11	Industrie	40
XII	12	Commerce, chemins de fer, routes.	43
XIII	13	Dictionnaire des communes.	44

LISTE DES GRAVURES

1	Vaucouleurs	9
2	Bar-le-Duc (vu du côté nord)	15
3	Verdun.	23
4	Montmédy	27
5	Statue de Chevert, à Verdun	31
6	Bar-le-Duc.	47
7	Église de Commercy.	48
8	Château de Commercy.	49
9	Saint-Mihiel	53

1908. — Imprimerie A. Lahure, 9, rue de Fleurus, à Paris.

DÉPARTEMENT

DE

LA MEUSE

I. — Nom, formation, situation, limites, superficie.

Le département de la Meuse doit son *nom* au fleuve qui le traverse dans toute sa longueur, du sud au nord.

Il a été *formé*, en 1790, d'une partie de la **Lorraine** (575,595 hectares), des *Trois-Évêchés* (157,150 hectares), du *Clermontois* (54,111 hectares) et d'une portion de la **Champagne** (60,000 hectares).

Il est *situé* dans la région nord-est de la France. Bar-le-Duc, son chef-lieu, se trouve par 2°49'24" de longitude est et par 48°46'8" de latitude nord; la distance qui le sépare de Paris est de 205 kilomètres à vol d'oiseau et de 254 par le chemin de fer le plus direct (Épernay, Châlons-sur-Marne, Blesmes).

Quatre départements, la Marne, l'Aisne, l'Oise et la Seine-Inférieure, séparent, à l'ouest, la Meuse de l'Océan; huit autres, au sud, la Haute-Marne, la Côte-d'Or, Saône-et-Loire, l'Ain, l'Isère, la Drôme, Vaucluse et les Bouches-du-Rhône, le séparent de la Méditerranée.

La Meuse est *bornée* : au nord, par la Belgique et par le département des Ardennes; à l'est, par Meurthe-et-Moselle; au sud, par les Vosges et la Haute-Marne; à l'ouest, par la Marne et les Ardennes.

Ses *limites* ne sont naturelles, c'est-à-dire formées par des cours d'eau ou des crêtes de montagnes, que sur quelques points, en général, elles sont déterminées par une ligne conventionnelle passant à travers les plateaux, les vallées·et les collines.

La *superficie* de la Meuse est de 622,787 hectares : sous ce rapport, c'est le 35ᵉ des départements de la France. Sa *longueur*, du sud au nord, de l'extrémité sud du canton de Gondrecourt à l'extrémité nord du canton de Montmédy, est de 133 kilomètres ; sa plus grande *largeur*, à la hauteur de Bar-le-Duc, est de 75 kilomètres. Son *périmètre*, en négligeant les sinuosités de peu d'importance, est de 366 kilomètres.

II. — Physionomie générale.

Le département de la Meuse, dont la forme est allongée, a des limites assez irrégulières, rarement droites, et presque partout formées de petites lignes brisées.

Toutes les eaux recueillies par la Meuse, dont la profonde et verdoyante vallée coupe le département en deux portions inégales, se dirigent vers la Belgique. La portion du territoire qui appartient au bassin de la Seine est inclinée vers l'ouest, et ses eaux s'écoulent directement dans ce fleuve par l'intermédiaire de l'Aisne et de ses affluents ; la partie orientale du département, presque entièrement formée par la belle et vaste plaine de la Woëvre, est inclinée vers l'est et déverse ses eaux dans le Rhin par l'Orne, tributaire de la Moselle.

Le territoire, divisé en une série de plateaux dont l'altitude va en s'élevant du nord au sud, est dominé par plusieurs chaînes de collines qui, au sud, se rattachent au plateau de Langres, et, au nord, se relient aux Ardennes.

La plus importante de ces chaînes, courant du sud au nord, sépare le bassin du Rhin de celui de la Seine. Elle pénètre dans le département entre Dainville et Vaudeville, par un sommet de 416 mètres situé à l'ouest de cette dernière commune. Ses principaux sommets sont : le *Buisson d'Amanty* (423 mètres), point culminant du département, et au nord-ouest duquel se dresse le *mont Delouze* (395 mètres); la *colline de Reffroy* (400 mètres), à la lisière méridionale de la vaste forêt de Commercy; le *mont de Ménil-la-Horgne* (414 mètres) et celui de *Méligny-le-Grand* (411 mètres).

Vers le nord-ouest, les sommets continuent à s'abaisser graduellement : le coteau qui porte Montfaucon n'atteint que 342 mètres d'altitude, et celui du bois de Romagne n'a que 300 mètres. Dans sa partie septentrionale, cette chaîne porte le nom d'**Argonne occidentale** pour se distinguer de l'Argonne orientale, qui suit la rive droite de la Meuse. L'Argonne occidentale est couverte de magnifiques forêts, dont les principales, entre la Meuse et l'Aire, sont celles de Hesse, de Souilly, de Commercy, de Vaucouleurs, et, entre l'Aire et l'Aisne, celle de l'Argonne occidentale. Elle est coupée par de jolis vallons, qu'arrosent les affluents de la Meuse et de l'Aire, qui naissent de sources assez fortes pour mettre, à leur sortie de terre, des usines en mouvement.

Le massif de collines qui sépare l'Aire de l'Aisne et de l'Ornain atteint 571 mètres entre Géry et Lignières, n'a plus que 308 mètres à Clermont-en-Argonne et 265 à Varennes-en-Argonne. Ses pentes occidentales conservent une altitude assez forte jusqu'à la vallée de l'Ornain, où elles s'abaissent brusquement, l'altitude de cette rivière étant seulement de 189 mètres à Bar-le-Duc et de 158 à Revigny. En aval de Revigny, le point où la Saulx quitte le département est le plus bas du territoire (115 mètres). La différence d'altitude entre le Buisson d'Amanty, point culminant de la Meuse, et les rives de la Saulx est de 508 mètres.

A l'est de la Meuse s'élève l'**Argonne orientale**, qui sépare cette rivière des vallées où prennent naissance de nombreux affluents de la Moselle et de la Chiers. Cette chaîne est, en général, aussi élevée que celle de l'Argonne occidentale : à l'est de Commercy, elle atteint 394 mètres; un sommet voisin de Vigneulles se dresse même à 412 mètres; entre Verdun et Fresnes, ces collines s'abaissent à 365 mètres, pour se relever ensuite, et atteindre 383 mètres entre Charny et Étain, et 390 mètres entre Dun et Damvillers.

Dans la région septentrionale du département, arrosée par la Chiers, on rencontre des coteaux abrupts assez élevés, dont l'un, dans le bois de Signy, atteint 376 mètres ; toutefois les collines, assez bien découpées, qui se dressent, au-dessus de Montmédy, sur les frontières de la Belgique, ne dépassent pas 355 mètres.

Du pied du versant est de l'Argonne orientale aux frontières de Meurthe-et-Moselle s'étendent les fertiles campagnes de la *Woëvre*, plateau légèrement ondulé, bien arrosé, riche en étangs, mais monotone et dont l'altitude varie entre 200 et 250 mètres.

Les principales vallées du département sont : la vallée de la Meuse, remarquable par la beauté de ses prairies et par ses chaînes de rochers ; la vallée de l'Aire, parallèle à celle de la Meuse, peu profonde, peu variée, arrosée par un maigre cours d'eau, sur les deux rives duquel se pressent de nombreux villages ; les vallées, agréables l'une et l'autre et constamment parallèles, de l'Ornain et de la Saulx, arrosées par deux cours d'eau d'égale importance, et dont l'une, celle de l'Ornain, est étroite mais fertile, l'autre, celle de la Saulx, profonde et pittoresque ; enfin la vallée de la Chiers, égayée par de jolies prairies. Si toutes les vallées du département sont riches et fertiles, il n'en est pas de même de toutes ses plaines, dont quelques-unes seulement sont productives. Quant aux montagnes, elles sont couronnées par de belles et grandes forêts, et sur leurs pentes s'étendent des vignobles.

Le sol du département appartient presque entièrement aux terrains jurassiques des divers étages ; les grès et les sables verts abondent dans la région occidentale du département Dans la vallée de la Meuse apparaissent les alluvions anciennes ; les alluvions jurassiques, dans celle de l'Ornain et dans la vaste plaine de la Woëvre ; les alluvions modernes, dans un grand nombre de vallons et de vallées.

III. — Cours d'eau: canaux.

Les eaux du département de la Meuse, recueillies par 375 ruisseaux et par 20 rivières, se divisent assez également entre le bassin du Rhin et celui de la Seine. La ligne de partage des eaux court du nord-ouest au sud-est, passe par Montfaucon en Argonne, Souilly, à l'est de Pierrefitte, à l'ouest de Commercy, et aboutit, à l'est de Gondrecourt, à Amanty et à Vouthon-Haut.

Bassin du Rhin. — Le **Rhin**, qui ne baigne plus le territoire de la France, est un des plus beaux fleuves de l'Europe. Long de 1,520 kilomètres, dans un bassin d'environ 25 millions d'hectares, il roule en moyenne 1,728 mètres cubes ou 1,728,000 litres d'eau par seconde. Né en Suisse, dans les glaciers qui dominent au sud la vallée de Cornera, à l'est du massif du Saint-Gothard, il traverse le lac de Constance, forme la célèbre cataracte de Schaffhouse, haute de 20 mètres, côtoie l'Alsace, puis traverse l'Allemagne. Il laisse à 6 kilomètres à gauche Strasbourg, baigne Mayence, Coblentz, Cologne, puis, entrant en Hollande, il y mêle ses bras à ceux de son tributaire la Meuse, et se perd dans la mer du Nord.

C'est par la Meuse et par la Moselle que le Rhin reçoit les eaux d'un peu plus de la moitié du département.

La **Meuse**, généralement considérée comme un fleuve, n'est en réalité qu'un grand tributaire du Rhin, avec les eaux duquel elle se mêle dans les plates campagnes de la Hollande; toutefois les diverses embouchures communes à ces deux fleuves portent le nom de Bouches de la Meuse. Son cours est de 893 kilomètres, dans un bassin de 750,000 hectares; sa masse d'eau, lorsqu'elle rencontre le Rhin, est incomparablement inférieure à celle de ce grand fleuve, et sa largeur varie entre 80 et 150 mètres. A sa sortie de la France, après un cours sinueux de près de 500 kilomètres, dont environ 200 dans le département, elle roule, à l'étiage ordinaire, 27 mètres cubes d'eau par seconde, et 600 dans les grandes crues.

La Meuse sort d'une fontaine du département de la Haute-Marne, à Pouilly, par 409 mètres d'altitude. Elle entre dans le département des Vosges où, aux environs de Bazoilles, ses eaux se perdent, en été, dans les fissures de son lit pour rejaillir plus bas, à Noncourt, et baigner ensuite un chef-lieu d'arrondissement, Neufchâteau, le village de Domremy, célèbre par la naissance de Jeanne Darc ; puis, après un cours de 65 kilomètres, passer, par 267 mètres d'altitude, dans le département auquel elle donne son nom et y arroser Vaucouleurs. Au-delà, la Meuse, quittant brusquement sa direction première du sud au nord pour courir de l'est à l'ouest, longe le chemin de fer de Bar-le-Duc à Toul, passe près de Void, croise le chemin de fer en aval de Sorcy ; et, serpentant du sud-est au nord-ouest, traverse un très grand nombre de communes, parmi lesquelles Commercy, Saint-Mihiel, Verdun où elle passe sous le chemin de fer de Verdun à Metz, Charny, Dun-sur-Meuse, Stenay ; s'infléchissant, à Inor, vers l'ouest jusqu'à Pouilly, elle passe dans le département des Ardennes, par 162 mètres d'altitude (105 mètres de pente totale dans le département). Reprenant ensuite sa direction vers le nord-ouest, elle va baigner Sedan, Mézières, et couler au fond de gorges étroites dont les parois rocheuses s'élèvent à 150, à 200 mètres et davantage ; elle entre ensuite en Belgique, en aval du confluent du Stivan ; se grossit de la Sambre à Namur, de l'Ourthe à Liège, passe à Maestricht et tombe dans les bras du Rhin, le Wahal et le Lech.

La Meuse, dont la canalisation est entièrement achevée de Troussey à la frontière belge, est navigable de Verdun à la mer (574 kilomètres, dont 262 en France). Sa pente, de Verdun à la frontière des Ardennes, est de 411 millimètres par kilomètre, de 25 centimètres entre cette frontière et Semoy et de 52 centimètres au-delà jusqu'à son entrée en Belgique.

Les cours d'eau, la plupart de simples ruisseaux, que la Meuse reçoit dans le département sont : à Maxey-sur-Vaise, la

Vaucouleurs.

Vaise (rive gauche), accrue du *ruisseau d'Amanty* et qui descend du point le plus élevé du département ; — en aval de Rigny-la-Salle, le *ruisseau de Colmoy* (rive droite), qui vient de Blénod-lès-Toul et se grossit, à Rigny-Saint-Martin, du ruisseau qu'alimente la fontaine de *Vannes;* —à Void, le *Fluent* (rive gauche), grossi du *Méholle* qui longe la lisière occidentale de la forêt de Vaucouleurs ; — à Maizey, le *ru de Creue* (rive droite ; 17 kilomètres), qui baigne Creue, Chaillon, Spada ; — à Troyon-sur-Meuse, le *Rupt* (rive droite), *ruisseau* accru de celui *d'Amblonville;* — à Brabant, le *ruisseau des Aulnes* (rive gauche), qui baigne Malancourt et Forges ; — à Brieulles-sur-Meuse, le *ruisseau de Wassieu*, et, plus bas, celui *de Norente* (rive gauche) ;— à Dun-sur-Meuse, l'*Andon* (rive gauche ; 20 kilomètres), qui naît au pied de la colline de Montfaucon, et reçoit les eaux qui se perdent dans plusieurs fissures du calcaire, notamment celles du *gouffre des Avies*, près de Romagne ; —à Stenay, la *Wiseppe* (rive gauche ; 15 kilomètres, dont 9 dans le département), qui descend des bois de Barricourt (Ardennes), arrose Beaufort et Wiseppe ; — en aval de Pouilly, au point où la Meuse quitte le département, la *Wamme* (rive gauche), rivière qui vient du bois de Belval (Ardennes), s'accroît de l'écoulement du *Grand-Étang*, limite le département de la Meuse, soit par son affluent, le ruisseau *Tortu*, soit par elle-même, sur un parcours de 8 kilomètres.

En dehors du département, la Meuse reçoit une importante rivière, la **Chiers**, longue de 112 kilomètres dont 37 dans le département de la Meuse. La Chiers naît dans le Luxembourg Hollandais, où elle porte d'abord le nom de *Korn*, entre dans le département de Meurthe-et-Moselle au-dessus de Mont-Saint-Martin, passe à Longwy, coule dans une vallée profonde de 100 à 150 mètres, baigne Longuyon, pénètre dans le département de la Meuse à 2 kilomètres à l'est d'Othe, lui sert de limite sur un parcours de 4 kilomètres, prête sa vallée au chemin de fer de Sedan à Thionville, arrose Montmédy, Chauvancy, Brouennes, Lamouilly, puis, à un kilomètre en aval, sert un instant de limite au département de la Meuse, s'en éloigne ensuite définitivement pour passer dans celui des Ardennes, y baigner la Ferté, Carignan, et tomber dans la Meuse à 7 kilomètres en amont de Sedan. La Chiers est classée comme navigable de son embouchure à la Ferté (36 kilomètres), mais elle ne l'est en réalité que depuis Brévilly. Son tirant d'eau est de 50 centimètres, sa pente de 40. Les affluents de la Chiers appartenant en tout ou en partie au département de la Meuse sont : la Crune, la Thonne belge, l'Othain, la Thonne d'Avioth ou Thonne française et le Loison.

La *Crune* (rive gauche ; 30 kilomètres), qui, sur un parcours de 8 kilomètres, limite le département de la Meuse, naît au sud de Crunes (Meurthe-et-Moselle), touche au département de la Meuse à l'est de Han-devant-Pierrepont, au confluent de la Pienne, prête sa vallée au chemin de fer de Sedan à Thionville, et tombe dans la Chiers à Longuyon, 3 kilomètres après avoir quitté le département de la Meuse. — La *Thonne* a tout son cours dans le Luxembourg ; seulement, avant de se perdre dans la Chiers, au nord de Velosnes, elle limite par sa rive droite le département de la Meuse sur 2 kilomètres. — L'*Othain* (rive gauche ; 70 kilomètres) sort de l'étang de Gondrecourt (Meurthe-et-Moselle) ; à 2 kilomètres en aval du confluent du *ruisseau de Breuil*, il entre dans le département de la Meuse, où il baigne Spincourt, Nouillonpont, Duzey, Sorbey et Saint-Laurent ; quittant le territoire de la Meuse, il lui sert de limite sur 1600 mètres, au nord de Rupt ; s'en éloigne un instant pour le limiter ensuite sur un parcours de 9 kilomètres, y pénétrer de nouveau et se jeter dans la Chiers en amont de Montmédy. — La *Thonne d'Avioth* (13 kilomètres, dont 9 dans le département de la Meuse) a sa source dans le Luxembourg, au-dessus de Sommethonne, entre dans la Meuse, y baigne Thonne-la-Long, Avioth, Thonnelle, et se jette dans la Chiers au-dessous de Thonne-les-Prés. — Le *Loison* (rive gauche ; 55 kilomètres) naît à Loison, dans la Woëvre, arrose Billy, reçoit l'*Azanne* au-dessus de Mangiennes, arrose Villers, Merles, Vittarville, se grossit de la *Tinte*, passe à Quincy, où, 1,300 mètres plus loin, il tombe dans la Chiers.

La **Moselle** prend sa source à 725 mètres au-dessus des mers, à une petite distance du col de Bussang (Vosges). Elle court du sud au nord, baigne Remiremont, Épinal, entre, par 265 mètres d'altitude, dans le département de Meurthe-et-Moselle, y arrose Toul, point où elle se rapproche le plus des limites de la Meuse (10 kilomètres), dont elle s'éloigne ensuite pour pénétrer sur le territoire allemand par 174 mètres d'altitude, y arroser Metz et Thionville et atteindre, en aval de Sierck, l'ancienne frontière française avec un volume d'eau considérable : 24,500 litres par seconde, à l'étiage, qui descend parfois à 16,500. Le débit moyen de la Moselle est de 50 mètres cubes par seconde, son débit maximum est de 600. Entrée en Prusse, elle arrose la ville de Trèves et se jette dans le Rhin à Coblentz (rive gauche), après avoir été renforcée, depuis sa sortie de France, par la Sarre, rivière jadis française, et la Sure, qui vient du grand-duché de Luxembourg. Les bords de la Moselle sont fort beaux en France comme en Allemagne : dans cette dernière contrée, les coteaux qui dominent la rivière donnent des vins renommés. Le cours de la Moselle est d'un peu plus de 500 kilomètres, dont 265 en France, où sa largeur, au-dessous du confluent de la Meurthe, est en moyenne de 120 mètres. La Moselle est flottable à partir d'Épinal, dans le département des Vosges ; mais elle ne devient plus ou moins navigable que dans le département de Meurthe-et-Moselle, à Frouard, où elle reçoit le tribut important de la Meurthe.

Les principales rivières françaises dont se grossit la Moselle sont : dans les Vosges, la Vologne, le Madon ; dans Meurthe-et-Moselle, la Meurthe, l'Orne et la Seille, qui touche à peine au territoire français.

Les eaux du département de la Meuse qui appartiennent au bassin de la Moselle s'écoulent dans cette rivière par l'intermédiaire de deux cours d'eau, le Rupt de Mad et l'Orne.

Le *Rupt de Mad* (rive gauche ; 42 kilomètres, dont 13 dans

le département) naît à 6 kilomètres à l'est de Commercy,
baigne Broussey-en-Woëvre, reçoit, par le ruisseau de *Pince-
ron*, l'écoulement des étangs du *Moulin-Neuf* et de *Bouque-
nelle;* baigne *Bouconville*, où il reçoit aussi les eaux du vaste
étang de ce nom; passe à l'est de Xivray, où tombe le ruisseau
de l'étang de *Vargévaux;* passe à Richecourt, Lahayville,
quitte le département pour entrer dans Meurthe-et-Moselle
où il s'accroît, à Bouillonville, de la *Madine* (16 kilomètres,
dont 12 dans le département de la Meuse), cours d'eau qui
sert d'écoulement aux petits étangs de *la Perche*, de *Jean-
pré*, de *Lambepuyal*, de *Brémy*. Le Rupt de Mad arrose ensuite
une jolie vallée, passe à Thiaucourt, et tombe dans la Moselle
à Arnaville.

L'*Orne* (86 kilomètres, dont 30 dans le département de la
Meuse) naît au-dessus d'Ornes, canton de Charny-sur-Meuse,
par 274 mètres; coule dans l'immense et fertile plaine de la
Woëvre, reçoit les eaux du vaste étang d'*Amel;* et, à Foameix,
le *ruisseau des Vaux* et les eaux de l'étang de *Bloucq;* traverse
Étain, se grossit du *Taranne;* baigne Warcq, Gussainville; reçoit les eaux des étangs de *Rouvres* et de *Darmont*, et, plus
bas, à Parfondrupt, celles de l'étang de *Saint-Jean*. Après
avoir limité le département de la Meuse sur un parcours de
un kilomètre, il entre dans Meurthe-et-Moselle, y baigne Conflans, où il reçoit l'Yron (*V.* ci-dessous), croise les chemins de
fer de Metz à Verdun, de Montmédy à Pagny-sur-Moselle et de
Briey à Conflans, prête sa vallée au chemin de fer de Briey et
se jette dans la Moselle en aval de Richemont.

L'*Yron*, affluent de la rive droite de l'Orne (55 kilomètres,
dont 16 dans le département de la Meuse qu'il limite sur
un parcours d'environ 3 kilomètres), a sa source près de Vigneulles, arrose la Woëvre, traverse les étangs de *Vigneulles*,
de *Saint-Benoit* et de *Champfontaine;* reçoit le *ruisseau*
d'écoulement du vaste étang *de la Chaussée*, et, par le *ruisseau des Parrois*, ceux de quatre étangs plus petits; entre
dans Meurthe-et-Moselle à Hannonville-au-Passage, s'y grossit du *Longeau* né dans l'Argonne orientale, qui traverse la

plaine de la Woëvre, arrose Fresnes, entre dans Meurthe-et-Moselle, où il se grossit de la *Seigneulle*, et tombe dans l'Yron à l'est de Frianville. Un peu plus loin, l'Yron atteint Conflans, où il mêle ses eaux à celles de l'Orne.

BASSIN DE LA SEINE. — La **Seine**, qui reçoit, par la Marne et l'Oise, les eaux du versant occidental de l'Argonne, naît dans le département de la Côte-d'Or, à 471 mètres au-dessus de la mer, coule vers le nord-ouest, à travers neuf départements : la Côte-d'Or, l'Aube, la Marne, Seine-et-Marne, Seine-et-Oise, Seine, Eure, Seine-Inférieure et Calvados. Elle baigne Troyes, Melun, Paris, Rouen, et tombe dans la Manche entre Honfleur et le Havre, par un estuaire large d'environ 10 kilomètres, où l'eau douce du fleuve se mêle aux eaux salées de la mer. — C'est par la Marne et l'Oise que la Seine reçoit les eaux du département de la Meuse.

La **Marne**, rivière canalisée (cours total, 494 kilomètres), prend sa source à Balesmes, dans le département de la Haute-Marne, à 381 mètres d'altitude, passe au pied de la montagne de Langres, à Chaumont, à Joinville et à Saint-Dizier et limite, sur un parcours d'environ 4 kilomètres, le département de la Meuse; elle passe ensuite dans celui de la Marne, y baigne Vitry-le-François, reçoit le canal de la Marne au Rhin, arrose Châlons, reçoit le canal de l'Aisne à la Marne, passe entre Reims et Ay, puis à Épernay, entre dans le département de l'Aisne, touche Château-Thierry, Meaux, Lagny, atteint le département de Seine-et-Oise à Gournay, le traverse, sur une longueur de 6 kilomètres, jusqu'à Neuilly-sur-Marne et le côtoie sur 3 kilomètres à l'ouest de Chennevières, puis entre dans le département de la Seine pour se jeter dans la Seine à Charenton-le-Pont. Sa navigation est très importante. La Marne reçoit du département de la Meuse la Saulx.

La *Saulx*, affluent de droite (cours, 118 kilomètres, dont près de 50 dans le département de la Meuse), a sa source à Germay, canton de Poissons (Haute-Marne), au pied d'une colline de 445 mètres. Elle forme le bel étang d'Harméville, fait

Bar-le-Duc (vue du côté nord).

mouvoir des forges, entre dans le département au-dessous de
Paroy, par 282 mètres d'altitude, baigne Montiers, côtoie la
forêt de ce nom et celle de Ligny, passe à Dammarie, village à
4 kilomètres à l'est duquel s'engouffre l'*Orge*, dont la vallée
débouche dans celle de la Saulx. La Saulx arrose près de
20 communes, entre autres Stainville, Robert-Espagne,
Mognéville, Andernay, village en aval duquel elle quitte le
département de la Meuse, par 116 mètres d'altitude (pente
dans la Meuse, 166 mètres). Elle baigne ensuite Sermaize,
où elle croise le chemin de fer de Paris à Nancy, prête sa vallée au canal de la Marne au Rhin, et se jette dans la Marne
au-dessous de Vitry-le-François. La Saulx reçoit dans le département la Laume, et en dehors du département l'Ornain
et la Chée. — La *Laume* (rive gauche ; 7 kilomètres) a un
affluent qui passe à l'établissement thermal de Sermaize et limite le département de la Meuse sur un parcours de 6 kilomètres. — L'*Ornain* (rive droite) appartient aussi, pour la
partie supérieure de son cours, à la Meuse, mais il a son embouchure dans la Marne. Cette rivière, aux eaux limpides,
qui sort, sous le nom d'*Ognon*, d'une fontaine située dans le
bois de Germay, canton de Poissons (Haute-Marne), entre dans
le département de la Meuse 4 kilomètres plus loin, reçoit
l'écoulement des *étangs de Chassey*, et, au confluent de la
Maldite (affluent de droite), qui vient des Vosges, prend le
nom d'Ornain. Elle arrose ensuite Gondrecourt, Demange, prête
sa vallée sinueuse au chemin de fer de Nançois-le-Petit à Gondrecourt ; et, longée par le canal de la Marne au Rhin jusqu'à
son confluent, arrose Saint-Joire, où elle se grossit de la
Mandres ou *Ormanson* (affluent de gauche ; 14 kilomètres),
baigne Tréveray, Naix, où tombe la *Barboure* (affluent de
droite ; 13 kilomètres) qui passe à Bovée et à Boviolles ;
baigne ensuite Ligny, Longeville, traverse Bar-le-Duc, chef-
lieu du département, se rapproche de la Saulx, arrose Varney, Revigny, quitte le département de la Meuse à l'ouest de
Remennecourt ; et, se rapprochant de plus en plus de la
Saulx, tombe dans cette rivière à Étrépy. — La *Chée* (affluent

de droite ; 70 kilomètres), qui, comme l'Ornain, n'appartient au département que par la partie supérieure de son cours, naît aux Marats, canton de Vaubecourt ; arrose Louppy-le-Petit, Noyers, descend vers le sud. et, en aval de son confluent avec le *ruisseau de Brabant*, entre dans le département de la Marne et y rejoint la Saulx à Vitry-le-Brûlé.

L'Oise, dont le cours est de 500 kilomètres et le bassin de 1,800,000 hectares, a sa source au milieu des bois de Chimay, province du Hainaut (Belgique). Elle entre en France après 17 kilomètres de cours, traverse les départements de l'Aisne, de l'Oise, de Seine-et-Oise ; baigne Guise, la Fère, Noyon, Compiègne, Pontoise et, près de Conflans-Sainte-Honorine, tombe dans la Seine, qu'elle augmente d'un tiers. L'Oise reçoit par l'Aisne, son principal tributaire, les eaux de l'Aire, rivière appartenant au département de la Meuse.

L'Aisne, dont le cours est de 280 kilomètres, naît à Sommaisne (tête de l'Aisne), village à 250 mètres d'altitude et à 20 kilomètres au nord de Bar-le-Duc. Elle baigne Vaubecourt, et, décrivant de grands détours, se dirige vers le nord-ouest. En aval de Charmontois, l'Aisne reçoit le *Belval*, ruisseau qui limite le département de la Meuse et dans lequel le vaste étang de Belval (Marne) déverse ses eaux ; après avoir servi de limite au département de la Meuse sur un parcours de 5 kilomètres, elle passe dans celui de la Marne, où elle se grossit d'une foule de ruisseaux, dont la plupart servent d'écoulement à de nombreux étangs, baigne Sainte-Ménehould, cède sa vallée au chemin de fer de Châlons à Verdun ; passe dans les Ardennes, au confluent de la Dormoire, y baigne Vouziers, Rethel, quitte les Ardennes pour le département de l'Aisne, où elle arrose Soissons, entre dans celui de l'Oise, et déverse dans la rivière de ce nom, au-dessus de Compiègne, 9 mètres cubes d'eau par seconde.

L'Aire, affluent de droite de l'Aisne dont le cours, de 125 kilomètres, appartient presque en entier (moins 25 kilomètres) au département de la Meuse, est le seul tributaire important de l'Aisne qui arrose le territoire de ce département. Cette rivière naît près de Saint-Aubin, canton de Commercy, court du sud-est au nord-ouest, croise le chemin de fer de Paris à Nancy, baigne près de trente communes, parmi lesquelles Pierrefitte et Varennes-en-Argonne, et passe dans les Ardennes à l'ouest de Baulny, prête sa vallée au chemin de fer de Vouziers à Apremont, arrose Grand-Pré et tombe dans l'Aisne au sud de Termes, par 113 mètres.

Les affluents de l'Aire, dans le département de la Meuse, sont : l'*Ezerulle* (rive gauche; 15 kilomètres), dont la source jaillit à Érize-Saint-Dizier, qui baigne Rumont, Rosnes, Érize-la-Petite et a son embouchure 1 kilomètre en aval de ce dernier village; — la *Cousance* (rive droite; 26 kilomètres), qui descend de Souilly, se grossit du *Noron* à Parrois, croise le chemin de fer de Sainte-Ménehould à Verdun et se jette dans l'Aire à Aubréville.

Canaux. — Le département est traversé, de l'ouest à l'est, dans sa partie méridionale, par le **canal de la Marne au Rhin**. Ce canal pénètre dans le département de la Meuse sur le même point que l'Ornain, dont il suit le cours, passe à Bar-le-Duc et à Ligny, envoie un court embranchement sur Houdelaincourt, traverse un tunnel à Mauvages, suit la vallée de la Meholle, l'abandonne pour celle de la Meuse qu'il quitte à Pagny pour entrer dans Meurthe-et-Moselle. Sa longueur totale est de 96,564 mètres. — Le **canal latéral de la Meuse** se détache du précédent à Troussey, traverse tout le département de la Meuse, entre dans celui des Ardennes et rejoint le Rhin, mettant ainsi en communication la mer Méditerranée et la mer du Nord par le Rhône, la Saône et la Moselle. Sa longueur, dans le département de la Meuse, est d'environ 140 kilomètres; sa pente, de Troussey à Sedan, est de 95 mètres 25 cent. rachetés par 35 écluses. — Le canal de la Chiers sera prochainement exécuté.

Étangs. — Les étangs sont nombreux dans la plaine de la Woëvre; les plus importants sont cités page 13.

IV. — Climat.

Le département de la Meuse peut être considéré comme servant de transition entre le climat *séquanien* et le climat *vosgien*. Moins tempéré que le premier, son climat est moins froid que le second. Comme dans tous les pays sillonnés par de nombreuses vallées, les variations de la température y sont brusques et fréquentes. Pendant l'hiver, qui est généralement long, le froid n'est pas très rigoureux. La température la plus basse qui ait été observée à Bar-le-Duc pendant l'hiver exceptionnel de 1870 a été de — 25°. Les chaleurs de l'été sont rarement excessives ; cependant le thermomètre s'y élève parfois jusqu'à 35°. La température moyenne, à Verdun (200 mètres d'altitude), est de 10°,84 ; c'est à peu près celle de Paris.

Le nombre des jours de pluie est de 165, qu'on peut répartir de la manière suivante : hiver, 45 ; printemps, 41 ; été, 58 ; automne, 41. Si la nappe d'eau qui tombe annuellement dans le département n'était pas absorbée par le sol ou réduite en vapeurs par les rayons du soleil, elle atteindrait en douze mois une profondeur de 76 centimètres, qui est à peu près égale à l'épaisseur moyenne de la quantité d'eau (77 centimètres) qui tombe en un an sur le territoire de la France. Le nombre des jours de gelée est de 55.

Les vents dominants, dans cette région, sont ceux du sud-ouest ; mais les vents du nord et du sud sont fréquents, surtout dans les vallées, souvent enveloppées de brouillards qui ne se dissipent que difficilement. Il règne assez fréquemment sur les plateaux des courants d'air vifs pendant l'été et glacés pendant l'hiver qui soufflent, en général, de l'est et du nord.

V. — Curiosités naturelles.

Le département de la Meuse, dont les chaînes de montagnes sont peu élevées, dont le sol n'a pas été tourmenté par de brusques soulèvements, des tremblements de terre, des déchirements si fréquents dans le voisinage des volcans, offre des curiosités naturelles peu nombreuses. Néanmoins, on rencontre dans ses gracieuses et verdoyantes vallées de pittoresques paysages, des roches abruptes, quelques gorges profondes, et, çà et là, des grottes, des torrents qui se perdent, de belles sources dont quelques-unes sont incrustantes comme celles de *Jupille*, du *Bois-des-Aulnes*, du *Gros-Terme*, d'*Hannonville*, etc. Du reste, alors même que le département de la Meuse ne posséderait que ses vastes et sombres forêts, il n'aurait rien à envier aux départements qui le limitent.

VI. — Histoire.

Longtemps avant que les Romains eussent pénétré dans la Gaule, une nation belliqueuse, sortie des forêts de la Germanie, envahit le territoire limité par la Meuse, la Sarre, les Vosges et l'Aisne, s'y fixa et y vécut jusqu'à l'époque de l'invasion de ces provinces par les légions de César. Les *Leuci* occupaient alors le sud, et les *Verodunenses* ou *Viroduns* le nord du territoire qui forme aujourd'hui le département de la Meuse. Les villes principales des Leuci ou Leuces étaient Toul (*Tullum*), chef-lieu d'arrondissement de Meurthe-et-Moselle, et *Nasium*, dont les ruines existent encore à Naix, près de Ligny. Verdun (*civitas Verodunensium*) était la capitale des Verodunenses. La ville de Bar (*Barrum, Barri Villa* et plus tard *Barri Dux*), occupée par la peuplade des Leuces, ne joua aucun rôle à l'époque de la conquête romaine, et conserva longtemps encore son indépendance alors que la Gaule entière avait été soumise.

Les monuments de l'antiquité gauloise sont rares dans cette région : on ne pourrait guère citer que le radier immense construit dans la vallée de la Seille (il appartient, du reste, à un département voisin). Si les tribus gauloises ont laissé peu de traces de leur séjour dans cette contrée, il n'en est pas de même des Romains, qui, après l'avoir conquise, la comprirent dans la Belgique Première. A Marville on a trouvé les vestiges d'un temple de Mars ; Nasium était traversée par une voie ro-

maine qui reliait les cités de Langres et de Reims ; des débris re-
trouvés sur l'emplacement de cette cité gauloise ont permis
enfin de constater qu'elle renfermait un temple de Jupiter,
des thermes, un aqueduc, un cirque, et qu'elle était défendue, du côté de l'est, par un vaste camp retranché. La ville
de Naix ne fut pas la seule qui prospéra sous la domination
romaine ; les nombreuses routes stratégiques qui sillonnaient
le territoire permirent à de nombreuses bourgades de se
transformer en cités opulentes qui, en moins de deux siècles,
atteignirent à un haut degré de prospérité ; malheureusement,
dès les premières invasions des Barbares, cette prospérité dis-
parut à jamais.

S'il n'est pas prouvé que les hordes d'Attila aient traversé
le territoire, il n'est que trop certain qu'elle a dû avoir à
subir les invasions successives de peuplades allemandes avant
d'être conquise par les Francs. En 485, Syagrius, défait près de
Soissons par Clovis, vint se réfugier dans Verdun ; mais, ne se
trouvant pas en sûreté dans cette ville, il s'enfuit chez les
Wisigoths, qui le livrèrent au roi des Francs. Verdun fut une
des villes qui se soumirent le plus tard au vainqueur ; Clovis
fut obligé d'en faire le siège (502) pour la contraindre à recon-
naître son autorité. Après la mort de ce prince les pays baignés
par la Meuse firent partie du royaume d'Austrasie, et plus
tard, lors de l'organisation de l'empire Carlovingien, cette
contrée fut comprise dans la Lotharingie et partagée en plusieurs comtés ainsi désignés : *comitatus Clesensis* (cantons de
Void et de Gondrecourt) ; *comitatus Wavriensis* (la Woëvre, la
partie nord-est du département) ; *comitatus Barrensis* (le
centre du Barrois) ; et, au sud, *comitatus Ordonensis* (l'Or-
nois en Barrois).

Dès le troisième siècle, le christianisme avait déjà pénétré
dans la province, Verdun possédait un évêque, saint Saintin,
et la conversion de Clovis contribua puissamment plus tard
à l'y établir d'une manière définitive.

A l'occasion de la succession de Louis le Débonnaire, des
débats s'élevèrent entre Louis le Bègue et Hugues, bâtard de

Lothaire II, au sujet du royaume de Lorraine. Louis le Germanique intervint dans la querelle ; il marcha contre Louis le Bègue, séjourna à Verdun, que ses troupes pillèrent et où fut signé le traité de Verdun (843) qui détachait définitivement des états du roi des Francs les Trois-Évêchés, Verdun, Toul et Metz, et adjugeait tout le pays à l'empereur Lotaire Ier. Le territoire qui forme le département de la Meuse échut ensuite à son fils Lothaire II, et fit partie de ce nouveau royaume qui reçut le nom de Lotharingie ou Lorraine. Les successeurs de Charles le Chauve s'efforcèrent en vain de reconquérir le territoire que le traité de Verdun leur avait fait perdre ; la vallée de la Meuse, définitivement incorporée à partir du dixième siècle à la Lorraine Mosellane, ne fut de nouveau réunie au royaume de France que quelques siècles plus tard.

La Lorraine devint dès lors un objet permanent de litige entre la France et l'Empire, et eut constamment à souffrir de l'état d'anarchie féodale où la maintint fatalement l'absence de toute autorité suzeraine incontestée et toute puissante. Les évêques et les seigneurs mirent à profit la liberté qu'ils devaient à cet état de choses pour conquérir leur indépendance. Au dixième siècle, Heimon, évêque de Verdun, fut assez habile pour obtenir du comte de cette ville qu'il cédât ses droits à lui et à ses successeurs. Cet arrangement ayant été confirmé par l'empereur Othon III, ces prélats obtinrent des droits régaliens au grand préjudice de leurs vassaux. Les descendants du comte Frédéric, qui s'était dépouillé de ses droits en faveur de l'évêque, tentèrent de les reconquérir. Godefroi, duc de la Basse-Lorraine, qui appartenait à la même maison que le comte Frédéric, s'empara de Verdun, mit le feu au palais épiscopal, et incendia la cathédrale. L'évêque Thierri, si jaloux de son autorité qu'il avait brûlé l'abbaye et le bourg de Saint-Mihiel parce que l'abbé avait un instant méconnu sa suzeraineté, fut obligé d'abandonner à Godefroi le comté de Verdun. Les successeurs de Thierri reconquirent leur domaine, mais ils eurent à lutter et contre les vicomtes auxquels ils remirent l'administration de la ville, et plus

Verdun.

tard contre les bourgeois, qui s'insurgèrent contre leur autorité, et ne parvinrent à la renverser qu'après des luttes sanglantes qui se prolongèrent jusqu'au milieu du treizième siècle.

Si les empereurs, en abandonnant aux évêques de Verdun leurs droits sur cette ville, purent retarder son annexion à la France, il n'en fut pas de même pour le comté de Bar, la principauté temporelle la plus considérable de cette région qui ne tarda pas à tomber sous la suzeraineté des rois de France. Cette suzeraineté, d'abord nominale, ne devient réelle que plus tard : Henri III, comte de Bar, gendre du roi d'Angleterre Édouard Ier, ayant pris parti pour son beau-père contre Philippe le Bel, le roi de France le fit prisonnier à Bruges et le contraignit à signer le fameux traité (1301) par lequel il se reconnaissait homme-lige du roi de France pour la partie des états de Barrois située sur la rive gauche de la Meuse. Ce traité fut l'origine du *Barrois mouvant*, capitale Bar, à l'ouest de la Meuse, et, à l'est de cette rivière, du *Barrois non mouvant*, capitale Saint-Mihiel, qui continua à relever du duché de Lorraine, tandis que le Barrois mouvant passait sous l'autorité du roi de France.

Lorsque René d'Anjou, que le cardinal de Bar avait adopté, eut épousé l'héritière de la Lorraine, ce comté eut désormais pour souverains les princes de la maison de Lorraine.

La Lorraine avait été, de 1048 à 1431, gouvernée par les descendants de Gérard d'Alsace. A partir de 1431, elle eut pour maître René d'Anjou, qui se démit en 1453 en faveur de son fils Jean, duc de Calabre, que remplaça son fils Nicolas d'Anjou, mort sans héritier en 1473. René, petit-fils d'Antoine de Vaudemont, héritier direct de Gérard d'Alsace, reprit alors la couronne ducale enlevée pendant quelques années à ses ascendants. A dater de cette époque, cette province ne cessa de prospérer sous la protection des successeurs du petit-fils d'Antoine de Vaudemont. Mais, en 1626, lorsque l'ambitieux Charles IV eut hérité de la couronne ducale, il appela sur lui l'attention du cardinal de Richelieu, qui rêva dès lors la réunion de la Lorraine à la France. Les fautes de Charles IV amenèrent l'occupation de Nancy par les armées françaises, et, jusqu'à la paix de Ryswick, signée le 30 octobre 1697, les ducs de Lorraine ne régnèrent que de nom. Par ce traité, le duc Léopold reprit possession de ses états, à la condition de démanteler Nancy et d'abandonner Sarrelouis et Longwy à la France. Le règne de ce prince fut long et prospère. Sous celui de son fils, François IV, le traité de Vienne (3 octobre 1735) décida que le duc de Lorraine serait mis en possession du duché de Toscane, et qu'il céderait ses états au roi de Pologne Stanislas Leczinski, qui devait abdiquer en faveur d'Auguste III. L'empereur Charles VI, pour indemniser le duc de Lorraine, lui donnait en mariage sa fille Marie-Thérèse, unique héritière de la couronne impériale. A la mort du roi Stanislas, en 1766, la Lorraine devint définitivement une province française.

Pendant cette longue période historique qu'embrasse la durée de la suzeraineté de la Lorraine sur la portion du territoire arrosé par la Meuse, divers évènements, dignes au moins d'une mention, ont eu lieu dans cette contrée. Malgré son éloignement du théâtre des hostilités, elle ressentit le contre-coup de la lutte terrible engagée au quatorzième siècle entre la France et l'Angleterre. C'est à Vaucouleurs que l'héroïne de Domremy, Jeanne d'Arc, alla trouver Robert de Baudricourt, bailli de Chaumont, pour lui faire part de ses projets patriotiques, et, tandis qu'elle combattait et mourait pour la patrie, les princes lorrains ne songeaient qu'à leurs rivalités personnelles.

Lorsque l'empereur Charles-Quint voulut pénétrer en France, il assiégea la ville de Verdun (1544), y mit une forte garnison allemande et n'en sortit que sept ans plus tard. La même année, il s'empara aussi de la ville de Commercy, après un siège long et mémorable, et de celle de Ligny, que défendait pour François Ier le comte de Brionne. Henri II reprit Verdun en 1552 et lui donna des privilèges qui furent confirmés, en 1559, par le roi François II.

En 1571, le duc de Lorraine établissait, dans la ville de Saint-Mihiel, les *Grands-Jours*, tribunal suprême composé de la noblesse du pays et chargé de juger les appels du bailliage dont le siège était aussi à Saint-Mihiel. Ce tribunal fut supprimé, en 1635, par Louis XIII, qui assistait en personne au siège que les armées françaises firent de cette ville.

Les luttes religieuses, qui pendant le seizième siècle ensanglantèrent la France, ne furent pas épargnées aux provinces gouvernées par les ducs de Lorraine : en 1589, les bandes protestantes commandées par le prince Palatin, Casimir, qui étaient entrées en France pour marcher au secours d'Henri IV, s'emparèrent de la ville de Bar. Verdun fut aussi exposé aux tentatives des Calvinistes, mais elle leur résista victorieusement et n'ouvrit ses portes au duc de Bouillon, envoyé par Henri IV, qu'après la conversion de ce prince. Les bourgeois de cette ville prêtèrent serment de fidélité au roi de France en 1601 ; mais la suzeraineté de la France sur l'évêché de Verdun ne fut assurée définitivement que par le traité de Westphalie (1648).

Sous le règne de Louis XIII, la ville d'Étain fut, en 1622, ravagée par les Suédois, et, plus tard, prise et reprise par les Français, les Allemands, les Espagnols et les Lorrains. Gondrecourt fut occupé dès 1635 par Richelieu, qui en fit ruiner le château. A l'occasion des démêlés de Charles IV de Lorraine avec le roi de France, auquel ce prince, par le traité de Vincennes (1661), avait cédé la ville de Varennes, la ville de Bar fut aussi, à plusieurs reprises, occupée successivement par les belligérants ; son château fut ruiné par Louis XIV, mais elle ne fut définitivement acquise à la France que par le traité de Vienne. Les villes d'Étain et de Stenay] eurent le même sort. La ville de Montmédy, qui avait d'abord appartenu à la maison de Luxembourg et ensuite à l'Espagne, fut assiégée par Louis XIV en personne, ayant sous ses ordres le maréchal de la Ferté. Le gouverneur de la ville, Jean d'Allamont, se signala par une défense vigoureuse, mais il fut mortellement blessé, et la place dut se rendre. Le traité

Montmédy.

des Pyrénées (1659) la donna pour toujours à la France.

Lors de l'invasion de 1792, les bourgeois de Stenay marchèrent bravement sur les avant-postes de l'armée autrichienne, mais les troupes françaises ne les ayant pas soutenus, ils furent forcés de se replier. Le général Clairfayt, irrité par cette résistance, ayant exigé que douze bourgeois lui fussent livrés, le maire, Collin, s'offrit pour victime ; cet acte de dévouement apaisa l'ennemi. L'héroïsme patriotique du maire de Stenay eut de nombreux imitateurs pendant cette époque tout à la fois néfaste et glorieuse. Le commandant de la place de Verdun, Beaurepaire, se tua pour ne pas voir l'ennemi entrer dans la place. Plus tard, en 1814, quelques jeunes conscrits, rassemblés à Ligny, se défendirent avec un rare héroïsme contre toute une division russe et lui tuèrent 1,200 hommes. Les alliés se vengèrent en bombardant la ville. Les envahisseurs ne furent pas plus heureux à Montmédy, après la bataille de Waterloo : cette ville, défendue par 600 hommes environ, parmi lesquels se trouvaient quelques soldats retraités et quelques douaniers, tua plus de 500 hommes aux ennemis et obtint les honneurs de la guerre.

Les patriotiques populations du Barrois et de la Lorraine, qui protégèrent si vaillamment nos frontières envahies pendant l'époque révolutionnaire et lors de la chute du premier empire, accueillirent avec enthousiasme les décrets de la Convention. Dans la ville de Bar, quelques violences seulement souillèrent les premiers jours de la Révolution.

La ville de Varennes fut, à cette époque, le théâtre d'un grave évènement. Louis XVI, qui était sorti furtivement de Paris dans la nuit du 17 juin 1791, arrivait à 7 heures et demie du soir à Sainte-Ménehould, où il était reconnu par le fils du maître de poste Drouet, qui partait sur-le-champ pour devancer le roi à Varennes et l'y faire arrêter. « A minuit la lourde voiture arrivait à Varennes, dit Guizot (*Histoire de France*), les chevaux n'étaient pas prêts. Drouet avait réveillé les autorités et quelques habitants ; on commençait à sonner le tocsin, les soldats du détachement étaient ivres ; le

fils de M. de Bouillé, qui attendait le roi, partit à toute bride pour avertir son père. On avait porté les passe-ports au procureur de la commune, nommé Sausse, pauvre petit marchand timide, effrayé de la responsabilité qui lui tombait en partage : il engagea le roi à entrer chez lui. « Le bruit s'est répandu,
« dit-il, que nous avions le bonheur de posséder notre roi
« dans nos murs ; pendant que le conseil municipal délibère,
« Votre Majesté pourrait se trouver exposée à des avanies... »
Comme Louis XVI entrait dans la boutique de l'épicier, quelques hommes armés qui en gardaient la porte dirent brutalement au roi qu'ils le reconnaissaient. « Si vous le reconnais-
« sez, dit vivement Marie-Antoinette, parlez-lui avec le respect
« qui lui est dû. »

« Les officiers municipaux se présentèrent, demandant les ordres du roi. Celui-ci avait renoncé à tout déguisement. « Faites que mes voitures soient attelées au plus tôt,
« dit-il à Sausse, et que je puisse prendre la route de Mont-
« médy. » Mais l'infortuné Louis XVI pria vainement ceux qui l'entouraient de le laisser partir, il dut rester à Varennes jusqu'à ce que l'ordre fût arrivé de ramener les fugitifs à Paris.»

Lors de la troisième des invasions que la France doit aux Napoléons, de 1870 à 1871, les habitants du département de la Meuse ne se laissèrent pas décourager par les désastres qui, se succédant coup sur coup, semblaient devoir accabler la France et anéantir sa puissance militaire.

Après les défaites successives de Forbach et de Frœschwiller, les armées allemandes s'étaient rapidement portées en avant. L'armée du prince de Prusse s'arrêtait devant Metz ; celle du prince de Saxe s'avançait jusqu'à Clermont-en-Argonne et à Stenay, et, le 25 août, tentait de surprendre la ville de Verdun. Le corps d'armée qui attaquait Verdun était fort de 10,000 hommes. Le combat fut des plus vifs. La garde nationale, chargée du service des pièces, lutta d'énergie et de courage avec la garnison de la place. Jugeant que toute attaque de vive force était inutile, le général allemand se borna à bloquer la ville. Le 13 octobre, au matin, le bombardement

recommença. Le 28 octobre, le général Guérin de Walders-
bach, commandant de la place, las de rester immobile, exposé
aux obus d'un ennemi toujours invisible, sortit avec une
partie de ses troupes et fit éprouver aux assiégeants des per-
tes sérieuses. Les défenseurs de Verdun, que n'intimidaient pas
les bombes ennemies, ne se seraient pas résignés à capituler
si on ne les avait induits en erreur en leur communiquant
des dépêches qui leur annonçaient la reddition de Metz
comme devant amener la capitulation de Paris et la fin de la
lutte. La garnison obtint les honneurs de la guerre (8 novem-
bre) et sortit les enseignes déployées et musique en tête. Les
officiers voulurent rester prisonniers avec leurs soldats.

La ville de Montmédy, où commandait le capitaine Reboul,
imitait, le 3 septembre, l'exemple patriotique donné par Verdun.
Elle repoussait les parlementaires allemands ; et, vivement
attaquée, obligeait momentanément l'ennemi à se borner à as-
siéger la place. Mais, le 11 décembre, le bombardement re-
commençait ; le 14, réduite à l'état de ruine, Montmédy était
obligée de capituler, de livrer sa garnison de 3,000 hommes
et 257 prisonniers faits par elle à l'ennemi.

Plus heureux que les départements qui le limitent à l'est,
Meurthe-et-Moselle et les Vosges, le département de la
Meuse a pu garder intact son territoire ; malheureusement
il n'est plus séparé de la frontière de l'empire Allemand que
par un lambeau de l'ancien département de la Moselle, qui ne
s'étend guère au-delà de Briey.

VII. — Personnages célèbres.

Seizième siècle. — LIGIER RICHIER (1500-1572), un des principaux sculpteurs de la Renaissance. — AUGUSTIN MARLORAT,
théologien calviniste, né à Bar-le-Duc, mort victime des pas-
sions religieuses à Rouen (1506-1563). — FRANÇOIS DE LORRAINE
duc D'AUMALE et DE GUISE, né à Bar-le-Duc (1519-1563). —
ERARD, ingénieur, né à Bar-le-Duc, mort en 1620.

Dix-septième siècle. — JEAN-FRANÇOIS GERBILLON, jésuite

missionnaire, auteur d'ouvrages de géométrie et de voyages, né à Verdun (1634-1707).— N. Dounot, géomètre, né à Bar-le-Duc, mort en 1640. — Nicolas de Bar, peintre, né à Bar-le-Duc, mort vers la fin du dix-septième siècle. — Dubois, peintre, né à Bar-le-Duc, mort en 1680. — Jean Bérain, dessinateur, né à Saint-Mihiel, mort en 1697. — Jean Richard, moraliste, né à Verdun (1638-1719). — Pierre Alliot, médecin de Louis XIII, né à Bar-le-Duc, mort dans la deuxième moitié du

Statue de Chevert, à Verdun.

dix-septième siècle. — Dom Humbert Belhomme, savant bénédictin, né à Bar-le-Duc (1653-1727).

Dix-huitième siècle. — Jacques Villotte, missionnaire, orientaliste, né à Bar-le-Duc (1656-1743).— Pierre Parisot, dit le *Père Norbert*, capucin, voyageur, né à Bar-le-Duc (1697-1769). — Benoît de Maillet, écrivain, auteur d'ouvrages sur l'Égypte, né à Saint-Mihiel (1656-1738). — Charles-Louis Hugo, religieux prémontré, évêque de Ptolémaïde,

érudit, né à Saint-Mihiel (1667-1739). — François de Che-
vert, célèbre général, né à Verdun (1695-1769). — Nicolas
Lutton-Durival, historien né à Commercy (1723-1795). —
Jean-André Lepaute, horloger célèbre, né à Montmédy (1709-
1789). — Charles-Henri Riboutté, chansonnier, né à Com-
mercy (1708-1740). — Nicolas Béauzée, grammairien, né à
Verdun (1717-1789). — Dom Augustin Calmet, savant théo-
logien, né à Ménil-la-Horgne, mort en 1757. — Pierre-Paul-
Henrion de Pansey, jurisconsulte distingué, président de la
Cour de cassation, né à Tréveray (1742-1829). — Le comte
Etienne-Maurice Gérard, maréchal de France, né à Damvil-
lers (1773-1852).

Dix-neuvième siècle. — Le comte Remy-Joseph-Isidore
Exelmans, maréchal de France (1775-1852). — Robert Pons,
homme politique, poëte, né à Verdun (1772-1853). — Charles-
Nicolas Oudinot, maréchal de France, né à Bar-le-Duc (1767-
1847).

VIII.—Population, langue, culte, instruction publique.

La *population* de la Meuse s'élève, d'après le recensement
de 1876, à 294,054 habitants (147,346 du sexe masculin,
146,708 du sexe féminin). A ce point de vue, c'est le 64ᵉ département. Le chiffre des habitants divisé par celui des hectares donne environ 47 habitants par 100 hectares ou par
kilomètre carré ; c'est ce que l'on nomme la *population
spécifique*. La France entière ayant 70 habitants par kilomètre carré, il en résulte que la Meuse renferme, à surface
égale, 23 habitants de moins que l'ensemble de notre pays. A
ce point de vue, c'est le 74ᵉ département.

Depuis 1801, date du premier recensement officiel, jusqu'en 1876, le département de la Meuse a gagné 24,532 habitants. Cependant, depuis quelques années, la population
tend à décroître : le département, dans une période de 10 ans,
de 1866 à 1876, a perdu 7,599 habitants.

La langue française est parlée correctement dans tout le

département ; toutefois, spécialement dans la région méridionale, le patois lorrain est encore en usage dans les campagnes.

La presque totalité des habitants de la Meuse appartient à la religion catholique ; cependant il existe des églises protestantes à Bar-le-Duc, Verdun, Commercy et Gondrecourt, et des synagogues israélites dans 11 communes.

Le nombre des *naissances* a été, en 1877, de 6,458 ; celui des *décès*, de 5,879 (plus 312-mort-nés) ; celui des *mariages* s'est élevé à 2,099.

La *vie moyenne* est de 39 ans 7 mois.

Le *lycée* de Bar-le-Duc a compté, en 1877, 420 élèves ; les *collèges communaux* de Verdun, Saint-Mihiel, Commercy et Étain, 623 élèves ; 2 *institutions secondaires libres* ecclésiastiques, 110 ; l'*école normale d'instituteurs* de Commercy, 60 ; 907 *écoles primaires*, 41,375 ; 158 *salles d'asile*, 8,641 ; 367 *cours d'adultes*, 5,855.

Sur les 2,146 jeunes gens de la classe de 1876, on a compté :

Ne sachant ni lire ni écrire	48
Sachant lire seulement	6
Sachant lire, écrire et compter	2,060
Ayant reçu une instruction supérieure . . .	17
Dont on n'a pu vérifier l'instruction	15

Sur 25 accusés de crimes, en 1876, on a compté :

Accusés ne sachant ni lire ni écrire.	4
— sachant lire ou écrire imparfaitement. . .	16
— ayant reçu une instruction supérieure. .	5

IX. — Divisions administratives.

Le département de la Meuse forme le diocèse de Verdun (suffragant de Besançon) ; — les 4° et 5° subdivisions de la 6° région militaire (Châlons-sur-Marne). — Il ressortit : à la cour d'appel de Nancy ; — à l'académie de Nancy ; — à la 8° légion de gendarmerie (Nancy) ; — à la 4ᵉ inspection des ponts et chaussées ; — à la 16ᵉ conservation des forêts (Bar-le-Duc) ; — à l'arrondissement minéralogique de Troyes (division du Nord-Est). — Il comprend 4 arrond. (Bar-le-Duc, Commercy, Montmédy, Verdun), 28 cantons, 586 communes.

Chef-lieu du département : BAR-LE-DUC.

Chefs-lieux d'arrondissement : Bar-le-Duc, Commercy, Montmédy, Verdun-sur-Meuse.

Arrondissement de Bar-le-Duc (8 cant.; 130 com.; 79,765 h.; 141,959 hect.).

Canton d'Ancerville (18 com.; 11,510 h.; 20,069 hect.). — Ancerville — Aulnois-en-Perthois — Baudonvilliers — Bazincourt — Brillon — Cousancelles — Cousances-aux-Forges — Haironville — Juvigny-en-Perthois — Lavincourt — Lisle-en-Rigault — Montplonne — Rupt-aux-Nonains — Saudrupt — Savonnières-en-Perthois — Sommelonne — Stainville — Ville-sur-Saulx.

Canton de Bar-le-Duc (8 com.; 22,565 h.; 9,200 hect.). — Bar-le-Duc — Combles — Fains — Longeville — Robert-Espagne — Savonnières-devant-Bar — Trémont — Véel.

Canton de Ligny-en-Barrois (21 com.; 11,338 h.; 19,451 hect.). — Culey — Givrauval — Guerpont — Ligny-en-Barrois — Loisey — Longeaux — Maulan — Menaucourt — Morlaincourt — Naix-aux-Forges — Nançois-le-Petit — Nant-le-Grand — Nant-le-Petit — Nantois — Oëy — Saint-Amand — Salmagne — Silmont — Tannois — Tronville — Velaines.

Canton de Montiers-sur-Saulx (14 com.; 6,700 h.; 19,959 hect.). — Biencourt — Bouchon (Le) — Brauvilliers — Bure — Couvertpuis — Dammarie — Fouchères — Hevilliers — Mandres — Ménil-sur-Saulx — Montiers-sur-Saulx — Morley — Ribeaucourt — Villers-le-Sec.

Canton de Revigny (17 com.; 8,314 h.; 16,565 hect.). — Andernay — Beurey — Brabant-le-Roi — Bussy-la-Côte — Contrisson — Couvonges — Laimont — Mognéville — Mussey — Nettancourt — Neuville-sur-Orne — Rancourt — Remennecourt — Revigny — Varney — Vassincourt — Villers-aux-Vents.

Canton de Triaucourt (20 com.; 6,495 h.; 19,825 hect.). — Amblaincourt — Autrécourt — Beaulieu — Beauzée — Brizeaux — Bulainville — Deuxnouds-devant-Beauzée — Evres — Fleury-sur-Aire — Foucaucourt — Ippécourt — Issoncourt — Lavoye — Mondrecourt — Nubécourt — Pretz — Senard — Seraucourt — Triaucourt — Waly.

Canton de Vaubecourt (17 com.; 7,008 h.; 22,069 hect.). — Auzécourt — Chaumont-sur-Aire — Courcelles-sur-Aire — Érize-la-Grande — Érize-la-Petite — Laheycourt — Lisle-en-Barrois — Louppy-le-Château — Louppy-le-Petit — Marats (Les) — Noyers — Rembercourt-aux-Pots — Rignaucourt — Sommaisne — Sommeilles — Vaubecourt — Villotte-devant-Louppy.

Canton de Vavincourt (15 com.; 5,855 h.; 14,821 hect.). — Behonne — Chardogne — Condé-en-Barrois — Érize-la-Brûlée — Érize-Saint-Dizier — Génicourt-sous-Condé — Géry — Hargeville — Naives-devant-Bar — Resson — Rosières-devant-Bar — Rosnes — Rumont — Seigneulles — Vavincourt.

Arrondissement de Commercy (7 cant.; 176 com.; 76,255 h.; 196,799 hect.).

Canton de Commercy (29 com.; 15,825 h.; 29,489 hect.). — Aulnois-sous-Vertuzey — Boncourt — Chonville — Commercy — Corniéville — Cousances-aux-Bois — Dagonville — Domremy-aux-Bois — Ernecourt — Euville — Frémeréville — Girauvoisin — Gironville — Grimaucourt-près-Sampigny — Jouy-sous-les-Côtes — Lérouville — Loxéville — Malaumont — Méerin — Nançois-le-Grand — Pont-sur-Meuse — Saint-Aubin — Saint-Julien — Triconville — Vadonville — Vertuzey — Vignot — Ville-Issey — Willeroncourt.

Canton de Gondrecourt (25 com.; 10,017 h.; 54,125 hect.). — Abainville — Amanty — Badonvilliers — Baudignécourt — Bonnet — Chassey — Dainville-Bertheléville — Delouze — Demange-aux-Eaux — Gérauvilliers — Gondrecourt — Horville — Houdelaincourt — Luméville — Mauvages — Roises (Les) — Rosières-en-Blois — Saint-Joire — Tourailles — Tréveray — Vaudeville — Vouthon-Bas — Vouthon-Haut.

Canton de Pierrefitte (26 com.; 8,076 h.; 29,887 hect.). — Bannoncourt — Baudrémont — Belrain — Bouquemont — Courcelles-aux-Bois — Courouvre — Dompcevrin — Fresnes-au-Mont — Gimécourt — Kœur-la-Grande — Kœur-la-Petite — Lahaymeix — Lavallée — Levoncourt — Lignières — Longchamps — Ménil-aux-Bois — Neuville-en-Verdunois — Nicey — Pierrefitte — Rupt-devant-Saint-Mihiel — Sampigny — Thillombois — Ville-devant-Belrain — Villotte-devant-Saint-Mihiel — Woimbey.

Canton de Saint-Mihiel (28 com.; 14,176 h.; 28,524 hect.). — Ailly — Apremont — Bislée — Bouconville — Brasseitte — Broussey-en-Woëvre — Chauvoncourt — Han-sur-Meuse — Lacroix-sur-Meuse — Lahayville — Liouville — Loupmont — Maizey — Marbotte — Montsec — Paroches (Les) — Rambucourt — Ranzières — Raulecourt — Richecourt — Rouvrois-sur-Meuse — Saint-Agnant — Saint-Mihiel — Spada — Troyon — Varnéville — Woinville — Xivray-et-Marvoisin.

Canton de Vaucouleurs (20 com.; 9,514 h.; 21,272 hect.). — Brixey-aux-Chanoines — Burey-en-Vaux — Burey-la-Côte — Chalaines — Champougny — Epiez — Goussaincourt — Maxey-sur-Vaise — Montbras — Montigny-lès-Vaucouleurs — Neuville-lès-Vaucouleurs — Pagny-la-Blanche-Côte — Rigny-la-Salle — Rigny-Saint-Martin — Saint-Germain — Sauvigny — Sepvigny — Taillancourt — Ugny — Vaucouleurs.

Canton de Vigneulles-lès-Hattonchâtel (28 com.; 10,268 h.; 26,074 hect.). — Beney — Billy-sous-les-Côtes — Buxerulles — Buxières — Chaillon — Creüe — Deuxnouds-aux-Bois — Dompierre-aux-Bois — Hadonville-lès-Lachaussée — Hattonchâtel — Hattonville — Haumont-lès-Lachaussée — Heudicourt — Jonville — Lachaussée — Lamarche-en-Woëvre — Lamorville — Lavignéville — Noisard — Saint-

Benoît — Saint-Maurice-sous-les-Côtes — Savonnières-en-Woëvre — Senonville — Seuzey — Varvinay — Vaux-lès-Palameix — Viéville-sous-les-Côtes — Vigneulles-lès-Hattonchâtel.

Canton de Void (22 com.; 8,377 h.; 27,428 hect.). — Bovée — Boviolles — Broussey-en-Blois — Chennevières — Laneuville-au-Rupt — Marson — Méligny-le-Grand — Méligny-le-Petit — Ménil-la-Horgne — Naives-en-Blois — Ourches — Pagny-sur-Meuse — Reffroy — Saulx-en-Barrois — Sauvoy — Sorcy-Saint-Martin — Troussey — Vacon — Vaux-la-Grande — Vaux-la-Petite — Villeroy — Void.

Arrondissement de Montmédy (6 cant.; 151 com.; 58,880 h.; 135,069 hect.).

Canton de Damvillers (23 com.; 8,248 h.; 21,527 hect.). — Azannes-et-Soumazannes — Brandeville — Bréhéville — Chaumont-devant-Damvillers — Crépion — Damvillers — Delut — Dombras — Ecurey — Etraye — Flabas — Gibercy — Gremilly — Lissey — Merles — Moirey — Peuvillers — Réville — Romagne-sous-les-Côtes — Rupt-sur-Othain — Ville-devant-Chaumont — Vittarville — Wavrille.

Canton de Dun-sur-Meuse (18 com.; 7,411 h.; 16,994 hect.). — Aincreville — Brieulles-sur-Meuse — Cléry-Grand — Cléry-Petit — Doulcon — Dun-sur-Meuse — Fontaines — Haraumont — Liny-devant-Dun — Lion-devant-Dun — Milly — Mont-devant-Sassey — Montigny-devant-Sassey — Murvaux — Sassey — Saulmory-et-Villefranche — Villers-devant-Dun — Vilosnes.

Canton de Montfaucon (18 com.; 7,615 h.; 21,465 hect.). — Bantheville — Brabant-sur-Meuse — Cierges — Consenvoye — Cuisy — Cunel — Dannevoux — Épinonville — Forges — Gercourt-et-Drillancourt — Gesnes — Haumont-près-Samogneux — Montfaucon — Nantillois — Regnéville — Romagne-sous-Montfaucon — Septsarges — Sivry-sur-Meuse.

Canton de Montmédy (27 com.; 14,339 h.; 25,602 hect.). — Avioth — Bazeilles — Breux — Brouennes — Chauvency-le-Château — Chauvency-Saint-Hubert — Écouviez — Flassigny — Han-lès-Juvigny — Iré-le-Sec — Jametz — Juvigny-sur-Loison — Landzécourt — Louppy-sur-Loison — Marville — Montmédy — Quincy — Remoiville — Thonne-la-Long — Thonne-les-Prés — Thonne-le-Thil — Thonnelle — Velosnes — Verneuil-Grand — Verneuil-Petit — Vigneul-sous-Montmédy — Villécloye.

Canton de Spincourt (27 com.; 10,582 h.; 29,889 hect.). — Amel — Arrancy — Billy-sous-Mangiennes — Bouligny — Bouvigny — Domremy-la-Canne — Duzey — Eton — Gouraincourt — Han-devant-Pierrepont — Haucourt — Houdelaucourt — Loison — Mangiennes — Muzeray — Nouillonpont — Ollières — Pillon — Réchicourt — Rouvrois-sur-Othain — Saint-Laurent — Saint-Pierrevillers — Senon — Sorbey — Spincourt — Vaudoncourt — Villers-lès-Mangiennes.

Canton de Stenay (18 com.; 10,685 hab.; 19,592 hect.). — Autréville — Baâlon — Beauclair — Beaufort — Cesse — Halles — Inor — Lamouilly — Laneuville-sur-Meuse — Luzy — Martincourt — Moulins — Mouzay — Neuvant — Olizy — Pouilly — Stenay — Wiseppe.

Arrondissement de Verdun-sur-Meuse (7 cant.; 149 com.; 79,156 h.; 148,898 hect.).

Canton de Charny (21 com.: 9,508 h.: 25,069 hect.). — Beaumont — Belleville — Béthelainville — Béthincourt — Bezonvaux — Bras — Champneuville — Charny — Chattancourt — Cumières — Douaumont — Fleury-devant-Douaumont — Fromeréville — Louvemont — Marre — Montzéville — Ornes — Samogneux — Thierville — Vacherauville — Vaux-devant-Damloup.

Canton de Clermont-en-Argonne (17 com.; 9,589 h.; 19,861 hect.). — Aubréville — Auzéville — Brabant-en-Argonne — Brocourt — Claon (Le) — Clermont-en-Argonne — Dombasle — Froidos — Futeau — Islettes (Les) — Jouy-devant-Dombasle — Jubécourt — Neufour (Le) — Neuvilly — Parois — Rarécourt — Récicourt.

Canton d'Étain (29 com.; 11.190 h.: 24,070 hect.). — Abaucourt — Blanzée — Boinville — Braquis — Buzy — Châtillon-sous-les-Côtes — Damloup — Darmont — Dieppe — Eix — Étain — Foameix — Fromezey — Gincrey — Grimaucourt-en-Woëvre — Gussainville — Hautecourt — Hermeville — Lanhères — Maucourt — Mogeville — Moranville — Morgemoulin — Moulainville — Ornel — Parfondrupt — Rouvres — Saint-Jean-lès-Buzy — Warcq.

Canton de Fresnes-en-Woëvre (38 com.; 12,990 h.; 25,695 hect.). — Avillers — Bonzée — Butgnéville — Champlon — Combres — Dommartin-la-Montagne — Doncourt-aux-Templiers — Eparges (Les) — Fresnes-en-Woëvre — Hannonville-sous-les-Côtes — Harville — Haudiomont — Hennemont — Herbeuville — Labeuville — Latour-en-Woëvre — Maizeray — Manheulles — Marchéville — Mesnil-sous-les-Côtes — Mont-sous-les-Côtes — Mouilly — Moulotte — Pareid — Pintheville — Riaville — Ronvaux — Saint-Hilaire — Saint-Remy — Saulx-en-Woëvre — Thillot — Trésauvaux — Ville-en-Woëvre — Villers-sous-Bonchamp — Villers-sous-Pareid — Wadonville-en-Woëvre — Watronville — Woël.

Canton de Souilly (21 com.; 7,181 h.; 24,060 hect.). — Ancemont — Blercourt — Heippes — Julvécourt — Landrecourt — Lemmes — Lempire — Monthairons (Les) — Nixéville — Osches — Rambluzin-et-Benoitevaux — Rampont — Récourt — Saint-André — Senoncourt — Souhesmes (Les) — Souilly — Tilly — Vadelaincourt — Ville-sur-Cousance — Villers-sur-Meuse.

Canton de Varennes-en-Argonne (12 com.; 7,087 h.; 15,565 hect.). — Avocourt — Baulny — Boureuilles — Charpentry — Cheppy — Esnes — Lachalade — Malancourt — Montblainville — Varennes-en-Argonne — Vauquois — Verry.

Canton de Verdun-sur-Meuse (11 com.; 21,811 h.; 1,682 hect.). — Ambly — Belleray — Belrupt — Dieue — Dugny — Génicourt-sur-Meuse — Haudainville — Rupt-en-Woëvre — Sivry-la-Perche — Sommedieue — Verdun-sur-Meuse.

X. — Agriculture.

Sur les 622,787 hectares du département, on compte environ :

Terres labourables. . . . .   562,540 hectares.
Vignes.   13,450
Prairies naturelles et vergers. . . 52,680
Pâturages.   1,630
Bois et forêts.   158,770
Terres incultes   4,650
Superficies bâties, voies de trans-
    port, etc.   25,040

En 1876, on comptait, en nombres ronds, dans le département:
8,500 bœufs et taureaux ; 71,650 vaches et génisses ; 11,115 veaux;
53,800 chevaux ; 226 mulets ; 492 ânes ; 123,290 moutons ou brebis,
de race du pays, 19,800 appartenant aux races perfectionnées ; 125,500
porcs, 16,181 chèvres. Le produit des laines a été, la même année,
de 483,300 francs, et celui du suif de 84,000 francs. 28,500 ruches
ont produit 87,000 kilogrammes de miel et 28,300 kilogrammes
de cire.

Les races d'animaux domestiques sont, en général, assez médiocres
dans la Meuse, et ce département, où l'on fabrique cependant d'excel-
lents fromages, est loin de pouvoir rivaliser pour l'élevage des bœufs
avec la Charente, le Finistère, le Calvados, etc. ; et pour celui des
moutons avec la Creuse, la Haute-Vienne, la Corrèze, l'Allier, etc.
Mais, s'il n'est pas très riche en bêtes à cornes, il occupe le second
rang pour le nombre des *chevaux* relativement à l'étendue de son
territoire. Tandis que la Manche qui, sous ce rapport, occupe le premier rang, nourrit 19 chevaux par kilomètre carré, la Meuse en a 18,
de moyenne taille, mais vigoureux.

Le département a récolté, en 1877 : 1,354,923 hectolitres de blé,
dont il ne consomme guère plus de la moitié ; 2,650 hectolitres de
méteil ; 69,307 de seigle ; 303,419 d'orge ; 1,702,076 d'avoine ;
2,790,504 de pommes de terre ; 23,543 de légumes secs ; 746,706
quintaux métriques de betteraves ; 416 quintaux métriques de
tabac ; 24 de houblon ; 18,070 de chanvre ; 423 de lin (84,315 kilogrammes d'huiles de chènevis ou de lin) ; 11,476 hectolitres de
graines de colza, dont 14,081 hectolitres ont produit 91,496 kilogrammes d'huile. Enfin les vignobles, avec un rendement moyen de
26 hectolitres par hectare, ont donné 306,204 hectolitres de vin.

Les produits agricoles les plus importants du département sont les *céréales*, blés et avoines ; les *pommes de terre*, les *betteraves* viennent ensuite. Cette grande variété de cultures est favorisée par les inégalités du sol, les différences d'altitudes, la variété des expositions, et celle de la nature des terrains dont la formation géologique est loin d'être uniforme. La partie occidentale du département, qui confine à la Marne et aux Ardennes, appartient, en effet, aux terrains crétacés et néocomiens, tout le reste du département au terrain jurassique moins les vallées, formées, en général, de terrains d'alluvion.

Sur les plateaux s'étendent de vastes champs où prospèrent les céréales, les pommes de terre, les betteraves ; le sol des plaines est en général maigre et peu fertile, mais celui des vallées est de la plus grande fécondité. Les bords de la Meuse surtout sont couverts de magnifiques *prairies*.

Les pentes des montagnes et les coteaux sont plantés de vignes qui donnent une récolte abondante. Des *vins*, généralement estimés sont ceux de la vallée de l'Ornain. Les meilleurs vins rouges viennent de Bar et de ses environs, de Bussy-la-Côte, etc. ; les vins blancs de Creuë, dans la vallée de la Meuse, les crus de Champougny, Apremont, Sauvigny, Varney, etc., méritent aussi une mention.

Les montagnes sont couronnées de belles et vastes *forêts*, où le chêne est l'essence dominante, mais où l'on trouve cependant le charme, le hêtre, le frêne, le sorbier, l'alisier ; le bouleau et le mérisier y sont plus rares. L'orme et le tremble n'occupent que les parties basses et humides des vallées. Les principales forêts sont celles de Beaulieu, de Hesse, d'Argonne, de Saint-Dagobert, de Souilly, de Saint-Mihiel, de Saulcy, de Commercy, de Lachalade, de Ligny, de Mangiennes, de Montiers, de Sommedieue, de Morley, de Gondrecourt, de la Reine, de Vaucouleurs, des Trois-Fontaines, etc. Le département de la Meuse est un des plus boisés de la France : il est classé au 6e rang. Dans ces forêts habitent le loup, le blaireau, le renard, la belette, le putois, etc. ; le sanglier et le chevreuil y sont rares, mais le lièvre et le gibier ailé se rencontrent sur tous les points du département.

Les reptiles sont rares : c'est à peine si l'on rencontre de loin en loin quelques couleuvres, cependant les vipères y sont assez nombreuses dans la forêt de de Commercy.

Les rivières sont très poissonneuses. On y pêche surtout le brochet le barbeau, l'anguille, la tanche, la carpe, la brème. Les truites de l'Ornain et les écrevisses de la Meuse sont renommées.

Le département possède, aux Merchines, près de Vaubecourt, une importante école d'agriculture pratique, ouverte au mois de janvier 1874.

XI. — Industrie.

Le département de la Meuse, qui paye 14,322,500 francs d'impôts, et occupe sous ce rapport le 48° rang parmi les départements de la France, est le 21° pour l'encaisse de la caisse d'épargne, ce qui donne une haute idée de l'esprit pratique et du caractère laborieux de ses habitants. Ce département n'est pas, comme celui des Vosges, qui le borne, riche en produits minéraux. Il ne possède ni houille, ni minerais d'argent, de plomb, de cuivre ; on y trouve seulement quelques gisements de *phosphates de chaux* fossiles, à Cheppy, Mortblainville, aux Islettes, à Clermont-en-Argonne, etc. Mais le *minerai de fer* y est assez abondant ; les mines ouvertes sont au nombre de 17, dont 15 importantes, occupant une superficie de 40 hectares. Il en existe à Ancerville, Biencourt, Hévilliers, Couvertpuis, Martincourt, Montiers, Reffroy, Ribeaucourt, Saint-Joire, Thonne-la-Long, Tréxeray, Villers-le-Sec, etc.

Il existe des *carrières de pierres de taille* dures ou de liais, pour la sculpture et la construction, à Ambly, Aulnois-en-Perthois, Billy, Boncourt, Brauvilliers, Brouennes, Clermont, Commercy, Euville, Lérouville, Morley, Reffroy, Saint-Joire, Savonnières-en-Perthois, Sorcy, Trémont et Varvinay.

Les *eaux minérales* de la Meuse, qui contiennent généralement du silicate de fer et du manganèse, sont assez nombreuses, mais peu connues en dehors du département. Les sources les plus importantes sont celles : de *Pré-Ramont*, entre Neuvilly et Boureuilles ; de la *Fontaine Sainte-Foy*, à Brabant-en-Argonne ; du *Puits-de-Braux*, commune de Buzy ; de *Gros-Terme* ou du *Blanc-Chêne*, à Laimont ; du *Bois-des-Aulnes*, à Lissey ; d'*Amermont* et du *ruisseau de la Noue*, à Bouligny.

La *métallurgie* tient une place assez importante dans la grande industrie du département. Les principales usines métallurgiques et les *forges* sont dans les communes de Cousances-aux-Forges (fabrication de roues), Bar-le-Duc, Chassey, Commercy, Tréveray, Montiers-sur-Saulx, Stenay, Tréveray, Nantois, Billy-sous-Mangiennes, Ligny, Thonne-la-Long, Robert-Espagne, Saint-Joire, Menaucourt, Haironville, Abainville, Olisy et Vadonville ; des *fonderies de fonte* fonctionnent dans la plupart de ces mêmes communes, et à Dammarie-sur-Saulx, Verdun, Vaucouleurs, etc.; des *fonderies de cuivre, de bronze* et *de laiton* à Rarecourt et Saint-Mihiel; une *fonderie de cloches* à Mont-devant-Sassey; et enfin des *tréfileries* à Ancerville, Commercy et Vacon. En résumé, l'industrie métallurgique comprend 5 lavoirs à bras, 2 patouillets, 55 bocards environ et 57 hauts fourneaux. Ces usines ont produit, en 1878, 16,284 tonnes de fer, 12,685 tonnes de fonte, 266 tonnes de tôle, 60 tonnes de tôles d'acier. Le département possède, en outre, une foule d'industries, que nous énumérons par ordre alphabétique, bien que quelques-unes d'entre elles, telles que la bonneterie, la briqueterie, la broderie, la confiserie, la meunerie, la papeterie, la quincaillerie, les scieries de bois, la vannerie, la verrerie, occupent les premiers rangs.

La *bonneterie* est l'objet d'une fabrication importante à Bar-le-Duc (14 fabriques), Chaumont-sur-Aire, Étain, Robert-Espagne, Saint-Mihiel, Vaucouleurs, Xivray-et-Marvoisin. Il y a une importante fabrique de *boutons* et de *passementerie* à Malancourt; des *brasseries* à Bar, Chauvency, Ligny, Montmédy, Stenay, etc.; des *briqueteries* et *tuileries* au Claon, à Combles, Lisle-en-Barrois, aux Islettes, à Laheycourt, aux Marats, à Montfaucon, Rarécourt, Varennes, Verdun, etc.; des fabriques de *produits réfractaires* à Cousancelles, Rangévai, aux Marats, à Villers-aux-Vents; des ateliers de *broderies* à Commercy, Saint-Mihiel, Sampigny et surtout à Verdun. On fabrique des *bois de brosses* à Dieue, Récourt, Rupt-en-Woevre, Souilly, Thonnelle, etc.; de la *carrosserie* à Bar-le-Duc, Étain, etc.; des *chandelles* à Verdun et Stenay; de la *charcuterie* à Dannevoux; des *chaussures* à Ligny-en-Barrois, Revigny-sur-l'Ornain, Hannonville-sous-les-Côtes, Jametz, Montmédy et Verdun; de la *chaux hydraulique* (80 tonnes par jour) à Tronville. Il existe des *blanchisseries de cire* à Sivry-sur-Meuse, etc.; des *clouteries* à Commercy, Marville, Verdun, etc.; d'importantes *confiseries* à Bar-le-Duc (confitures de groseilles blanches renommées), Ligny, Verdun (confitures et dragées), etc.; des *corderies* à Fresnes-en-Woëvre, à Rembercourt où elles sont nombreuses, à Verdun, etc. La ville de Bar-le-Duc s'est fait une spécialité de la fabrication des *corsets* sans couture.

Les filatures et fabriques de *fils et tissus de coton* sont nombreuses aussi dans le chef-lieu du département; il en existe en outre à Dieue, Étain, Guerpont, Ornes, Vaucouleurs et Vautrin (cette industrie occupe 6 établissements, 250 ouvriers, 14,940 broches et 51,762 métiers). On trouve 6 fabriques de *couleurs* à Stenay, une à Lisle-en-Rigault (bleu d'outre-mer); des *distilleries* à Bar, Damvillers, Fains, Laheycourt, Montfaucon, Neuvilly, Saint-Mihiel, Sivry-sur-Meuse, Verdun et Void; des *foulons* à Arrancy, etc.; des fabriques de *meubles* à Verdun, etc.; de *fromages* à Noyers (cette fromagerie, une des plus remarquables peut-être de l'Europe en ce genre, avec sa succursale de Courtisols qui est dans le département de la Marne, convertit par jour en fromages 9000 litres de lait fournis par 54 communes), etc. On confectionne des *gants* pour l'armée à Marville ; des articles d'*horlogerie* à Revigny et Stenay. Les *huiles* de graines sont fabriquées à Brieulles, Marville, Murvaux, Pagny-sur-Meuse, Saint-Mihiel, Sivry, etc. Bar possède 4 *imprimeries* ; il y en a 4 aussi à Verdun, 3 à Ligny, 2 à Stenay et une dans chacune des communes de Commercy, Montmédy, Saint-Mihiel. La fabrication des *instruments agricoles* est importante à Verdun ; on en fabrique aussi à Fresnes-en-Woëvre, Montmédy, aux Souhesmes, à Vaubecourt, Waly, etc. Il y a des fabriques de *tarares* à Saint-Germain et à Xivray-et-Marvoisin ; d'*instruments de mathématiques* à Tréveray et à Ligny. La *laine* est filée et tissée à Montmédy, Pouilly, etc. (7 établissements, occupant 78 ouvriers, 4,825 broches, 28 métiers mus par 49 chevaux-vapeur). Ligny et Verdun fabriquent des *limes*. Il y a des ateliers de *construction de machines* à Bar, Étain, Commercy, Verdun, Vaucouleurs, etc. Les *moulins* sont nombreux sur tous les points du département et spécialement à Bar (14), Aubréville, Marville, Verdun, Varney (10 paires de meules), Robert-Espagne, etc. Les *orgues* sont fabriqués à Bar ; les *parquets*, par l'usine à vapeur de Commercy et celles de Dun-sur-Meuse, Verdun, etc.; le *papier* à Bar (papier peint), Beurey (pâte de bois pour papeterie), Lacroix-sur-Meuse (carton et papier d'emballage), Lavignéville, Seuzey (papier d'emballage et pour filtres), Spada (papier d'emballage), Ville-sur-Saulx, Void (en tout 10 usines occupant 416 ouvriers, mues par 319 chevaux-vapeur et produisant annuellement pour une valeur de 1,307,250 fr.). La *poterie* est fabriquée à Boureuilles, Sommelonne, Montigny-lès-Vaucouleurs, etc. ; les *articles de quincaillerie* à Cousances-aux-Forges, Contrisson, Marville et Olizy ; les *ros* et *lames* à Bar. Il n'y a dans le département qu'une petite *savonnerie*, produisant pour 5,000 fr. de savon; on y trouve des fabriques de *sabots* à Montiers-sur-Saulx, etc. ; de nombreuses *scieries mécaniques* à Ancemont, Bar, Gondrecourt, Hannonville, Lion, Mognéville, Montiers, Parois, Rambluzin, Récicourt, Revigny, Saint-Mihiel, Sommedieue, Stenay, Tilly, Verdun, Vilosnes, etc. ; 17 *taillanderies* à Vaubecourt, et quelques autres à Contrisson, Marville, Guerpont, Verdun, etc. ; des *tanneries* et *corroieries* à Bar, Étain, Laheycourt, Saint-Mihiel, Verdun, etc.; des *teintureries* à Bar, Vaucouleurs, etc. ; quelques *tonnelleries* ; des fabriques de *toile* et des filatures de *fils* à Auzéville et à Ornes (305 métiers tissent des fils de lin, de chanvre ou de jute) ; des *tourneries* à Vaubecourt, etc. ; des *vanneries* à Auzéville, Cheppy, Varennes, etc. ; des *verreries* aux Islettes, à Lachalade, Fains, au Neufour (cette dernière produisant 2,000 bouteilles par jour; en tout 5 usines occupant 555 ouvriers), mues par 60 chevaux-vapeur et fabriquant pour 2,981,250 francs de verres ou de cristaux) ; et enfin des fabriques de *vitraux peints* à Bar.

XII. — Commerce, chemins de fer, routes.

Le département de la Meuse *exporte* de la fonte, du fer, des produits réfractaires, briques et tuiles, des limes, du papier, des bois pour parquets, merrains, etc. ; des articles de taillanderie, de lunetterie, de bonneterie, des broderies, des tissus de coton, des corsets, des farines, des confitures, des dragées, des liqueurs, des salaisons, des articles de vannerie, et généralement tous les produits de son industrie manufacturière et agricole.

Il *importe* environ 500,000 quintaux métriques de houille, provenant des bassins de Valenciennes, Sarrebruck et de Belgique; du minerai de fer, des bestiaux, des grains, des vins et eaux-devie, des huiles, des cotons, des denrées coloniales, des articles d'épicerie, de modes, de bijouterie, de librairie et d'ameublement.

Le département de la Meuse est traversé par 8 chemins de fer, offrant un développement total de 370 kilomètres.

1° La ligne *de Paris à Avricourt* passe du département de la Marne dans celui de la Meuse à 1 kilomètre au-delà de la station de Sermaize, croise le canal de la Marne au Rhin, le longe ensuite dans la vallée de l'Ornain, dont elle s'éloigne, au-delà de Bar-le-Duc, pour passer dans la vallée de la Meuse. Elle dessert Revigny, Mussey, Bar-le-Duc, Longeville, Nançois-le-Petit, Ernecourt-Loxéville, Lérouville, Commercy, Sorcy, Pagny-sur-Meuse; et, 2 kilomètres plus loin, entre dans Meurthe-et-Moselle. Parcours, 78 kilomètres.

2° La ligne *de Reims à Metz* pénètre dans le département de la Meuse avant d'atteindre la station des Islettes. Elle dessert les Islettes, Clermont, Aubréville, Dombasle, Baleycourt, Verdun, Eix-Abaucourt, Étain, Buzy; et, 1 kilomètre au-delà, passe dans Meurthe-et-Moselle. Parcours, 66 kilomètres.

3° La ligne *de Charleville à Thionville* pénètre sur le territoire de la Meuse par la vallée de la Chiers, au-delà de Margut, y dessert Lamouilly, Chauvency, Montmédy, Velosnes. Parcours, 62 kilomètres.

4° La ligne *de Pagny-sur-Meuse à Chaumont* s'embranche, à Pagny-sur-Meuse, sur la ligne de Paris à Avricourt ; et, remontant la vallée de la Meuse, dessert Saint-Germain et Vaucouleurs. Parcours, 21 kilomètres.

5° Le chemin de fer *de Pagny-sur-Moselle à Longuyon* entre dans le département en franchissant la Crune, passe à Spincourt, Baroncourt; et, 2 kilomètres au-delà de cette dernière station, pénètre dans Meurthe-et-Moselle. Parcours, 22 kilomètres.

6° La ligne *de Lérouville à Sedan* s'embranche à Lérouville sur la ligne de Paris à Avricourt; et, descendant la vallée de la Meuse, dessert Lérouville, Sampigny, les Kœurs, Saint-Mihiel, Bannoncourt, Villers-Benoite-Vaux, Ancemont, Dugny, Verdun, Charny, Cumières, Regnéville, Consenvoye, Vilosnes–Sivry, Brieulles, Dun-Doulcon, Saulmory-Montigny, Stenay, Pouilly; et, au-delà, passe dans les Ardennes. Parcours, 119 kilomètres.

7° Le chemin de fer *de Nançois-le-Petit à Neufchâteau* se détache de Nançois–le–Petit, et dessert les stations de Ligny, Menaucourt, Tréveray, Laneuville-Saint-Joire, Demange-aux-Éaux, Houdelaincourt, Gondrecourt et Dainville-aux-Forges, station après laquelle il entre dans les Vosges. Parcours, 45 kilomètres.

8° Le chemin de fer de *Montmédy à Virton* se détache à Velosnes de la ligne de Charleville à Thionville dessert Ecouviez, puis entre en Belgique. Parcours, 3 kilomètres.

Il existe en outre deux autres chemins de fer en construction : celui *d'Haironville à Clermont–en–Argonne*, à voie étroite, terminé de Lisle–en–Rigault à Triaucourt, et celui *de Menaucourt à Ancerville-Guë.*

Les voies de communication comptent 5,680 kilomètres :

8 chemins de fer		570 kil.
9 routes nationales		508
16 routes départementales		409
1,583 chemins vicinaux	41 de grande communication ... 926	
	71 de moyenne communication ... 1,297	4,147
	1,271 de petite communication ... 1,924	
1 canal		96
1 rivière canalisée		140

XIII. — Dictionnaire des communes.

Abainville, 730 h., c. de Gondrecourt.

Abaucourt, 140 h., c. d'Étain.

Agnant (Saint-), 269 h., c. de Saint-Mihiel. ➡ Église (xiᵉ ou xiiᵉ s.) qui ressemble à une forteresse.

Ailly, 182 h., c. de Saint-Mihiel. ⟫⟶ Église du ix° ou du x° s.

Aincreville, 196 h., c. de Dun.

Amand (Saint- . 213 h., c. de Ligny-en-Barrois.

Amanty, 517 h., c. de Gondrecourt.

Ambly, 572 h., c. de Verdun.

Amblaincourt, 95 h., c. de Triaucourt.

Amel, 488 h., c. de Spincourt.

Ancemont, 551 h., c. de Souilly. ⟫⟶ Église gothique moderne (1855 .

Ancerville, 2,168 h., ch.-l. de c. de l'arrond. de Bar-le-Duc, à 5 kilomètres de la Marne. ⟫⟶ Grotte des Sarrasins (26 mèt. de haut., sur 200 mèt. de long . — Bel hôtel de ville.

Andernay. 514 h., c. de Revigny.

André (Saint-), 250 h., c. de Souilly.

Apremont. 649 h., c. de Saint-Mihiel. ⟫⟶ Château ruiné.

Arrancy. 900 h., c. de Spincourt. ⟫⟶ Château ruiné.

Aubin (Saint-), 425 h., c. de Commercy.

Aubréville, 879 h., c. de Clermont.

Aulnois-en-Perthois. 642 h., c. d'Ancerville.

Aulnois-sous-Vertuzey, 557 h., c. de Commercy.

Autrécourt, 420 h., c. de Triaucourt. ⟫⟶ Ruines d'un vicus.

Autréville, 158 h., c. de Stenay. ⟫⟶ Sites pittoresques.

Auzécourt, 195 h., c. de Vaubecourt.

Auzéville, 462 h., c. de Clermont. ⟫⟶ Jolie vallée.

Avillers. 226 h., c. de Fresnes. ⟫⟶ Ruines du Château-Bas.

Avioth, 287 h., c. de Montmédy. ⟫⟶ Belle église (mon. hist. [1] des xiii°, xiv° et xv° s.; au-dessus du portail, statues représentant. dit-on, le premier comte de Chiny et sa femme. fondateurs de l'église primitive d'Avioth;

[1] On appelle *monuments historiques* les édifices reconnus officiellement comme présentant de l'intérêt au point de vue de l'histoire de l'art et susceptibles, pour cette raison, d'être subventionnés par l'État.

longueur, à l'intérieur, 42 mèt., largeur 18 mèt. 50 c.; verrières intéressantes; tabernacle en pierre ; image de Notre-Dame d'Avioth ; pierres tombales ; belle sacristie.— A l'extérieur, édicule connu sous le nom de la *Recevresse*. — Restes d'anciens édifices (mon. hist.).

Avocourt, 808 h., c. de Varennes. ⟫⟶ Ruines d'un ancien château.

Azannes-et-Soumazannes, 557 h., c. de Damvillers.

Baâlon, 645 h., c. de Stenay. ⟫⟶ Vestiges d'une *mansio* romaine à Villé.

Badonvilliers, 279 h., c. de Gondrecourt.

Bannoncourt, 355 h., c. de Pierrefitte.

Bantheville, 429 h., c. de Montfaucon. ⟫⟶ Château ruiné.

Bar-le-Duc, V. de 16,728 h., ch.-l. du département. d'arrondissement, située en partie dans la vallée, en partie sur les hauteurs qui dominent la rive gauche de l'Ornain. ⟶ Ville basse : — *Église Saint-Antoine*, dans le style ogival du xiv° s.; beau chœur avec vitraux. — *Église Notre-Dame*; clocher aux pilastres corinthiens. — *Temple protestant*, construit en 1864, dans le style roman de transition. — *Pont Notre-Dame* avec chapelle. — *Hôtel de ville*, dans l'ancienne résidence du maréchal Oudinot. — *Statue*. en bronze, du maréchal Oudinot. — Deux *maisons* du xvi° s. (rue du Bourg et rue Gilles-de-Trèves). — Restes d'une *porte* du xvii° s. (rue Véel). — *Théâtre*.

Ville haute : — *Église Saint-Pierre*. du xiv° s., terminée au xv°; portail bâti par Louis XI; à gauche, tour surmontée d'une sorte de campanile. Trois nefs. Entrée de la chapelle des fonts baptismaux, ornée d'une guirlande de fleurs sculptée; du même côté, élégants caissons des nervures de la voûte d'une autre chapelle; curieuse clôture en pierre et à jour. A l'extrémité S. du transept, admirable *statue*, due à l'illustre sculpteur lorrain Ligier Richier (xvi° s.); cette statue ornait le mausolée de René de Châlons, tué en 1544 au siège de Saint-

Dizier. — *Tour de l'Horloge*, débris du château fortifié de Bar. — *Couvent des sœurs Dominicaines*, vaste construction renfermant une chapelle moderne du style ogival. — *Charmantes maisons* des xve, xvie et xviie s., rue des Ducs et rue et place Saint-Pierre. — *Musée* dans une maison de la Renaissance, sur la place de l'église Saint-Pierre. Au 1er étage, deux belles cheminées sculptées dans le goût du xvie s.; tableaux de Hubert Robert, Breughel le Vieux, Lebrun ; bustes de Trajan et d'Adrien; statue équestre du duc Antoine de Lorraine, etc.; antiquités provenant de fouilles faites à *Nasium;* galerie consacrée aux illustrations militaires de la Meuse; médailles et collections d'histoire naturelle ; riche collection de porcelaines.

Baudonvilliers, 207 h., c. d'Ancerville.

Baudignécourt, 165 h., c. de Gondrecourt.

Baudrémont, 187 h., c. de Pierrefitte.

Baulny, 134 h., c. de Varennes.

Bazeilles, 207 h., c. de Montmédy. »»→ Château de Laval.

Bazincourt, 291 h., c. d'Ancerville.

Beauclair, 224 h., c. de Stenay.

Beaufort, 406 h., c. de Stenay.

Beaulieu, 289 h., c. de Triaucourt. »»→ Ruines d'une abbaye.

Beaumont, 274 h., c. de Charny.

Beauzée, 651 h., c. de Triaucourt.

Behonne, 442 h., c. de Vavincourt.

Belleray, 572 h., c. de Verdun. »»→ A la Falouse, vaste souterrain qui s'étend jusqu'à la ferme de Billemont, à 1 lieue 1/2 de là.

Belleville, 775 h., c. de Charny.

Belrain, 169 h., c. de Pierrefitte.

Belrupt, 405 h., c. de Verdun.

Beney, 289 h., c. de Vigneulles.

Benoît (Saint-), 150 h., c. de Vigneulles.

Béthelainville, 498 h., c. de Charny. »»→ Église ogivale moderne.

Béthincourt, 540 h., c. de Charny.

Beurey, 487 h., c. de Revigny.

Bezonvaux, 255 h., c. de Charny.

Biencourt, 475 h., c. de Montiers-sur-Saulx.

Billy-sous-les-Côtes, 504 h., c. de Vigneulles.

Billy-sous-Mangiennes, 1,046 h., c. de Spincourt.

Bislée, 157 h., c. de Saint-Mihiel.

Blanzée, 59 h., c. d'Étain.

Blercourt, 251 h., c. de Souilly.

Boinville, 205 h., c. d'Étain. »»→ Château ruiné.

Boncourt, 575 h., c. de Commercy.

Bonnet, 472 h., c. de Gondrecourt. »»→ Jolie église gothique. — Château moderne.

Bonzée, 554 h., c. de Fresnes.

Bouchon (Le), 562 h., c. de Montiers.

Bouconville, 281 h., c. de Saint-Mihiel. »»→ Restes de fortifications.

Bouligny, 574 h., c. de Spincourt.

Bouquemont, 510 h., c. de Pierrefitte.

Boureuilles, 635 h., c. de Varennes.

Bouvigny, 145 h., c. de Spincourt.

Bovée, 559 h., c. de Void.

Boviolles, 259 h., c. de Void.

Brabant-en-Argonne, 290 h., c. de Clermont.

Brabant-le-Roi, 318 h., c. de Revigny.

Brabant-sur-Meuse, 245 h., c. de Montfaucon.

Brandeville, 795 h., c. de Damvillers. »»→ Château ruiné.

Braquis, 250 h., c. d'Étain.

Bras, 514 h., c. de Charny.

Brasseitte, 162 h., c. de Saint-Mihiel.

Brauvilliers, 400 h., c. de Montiers.

Bréhéville, 674 h., c. de Damvillers.

Breux, 785 h., c. de Montmédy.

Brieulles-sur-Meuse, 800 h., c. de Dun. »»→ Ancien couvent de Prémontrés.

Brillon, 830 h., c. d'Ancerville.

Brixey-aux-Chanoines, 527 h., c. de Vaucouleurs. »»→ Restes d'un château.

Brizeaux, 590 h., c. de Triaucourt.

Brocourt, 178 h., c. de Clermont.

Brouennes, 479 h., c. de Montmédy.

Broussey-en-Blois, 272 h., c. de Void.

Broussey-en-Woëvre, 528 h., c. de Saint-Mihiel.

Bulainville, 252 h., c. de Triaucourt,

Bar-le-Duc.

Bure, 290 h., c. de Montiers. ⟶ Château ruiné.

Burey-en-Vaux, 570 h., c. de Vaucouleurs.

Burey-la-Côte, 245 h., c. de Vaucouleurs.

Bussy-la-Côte, 207 h., c. de Revigny.

Butgnéville, 145 h., c. de Fresnes.

Buxerulles, 217 h., c. de Vigneulles.

Buxières, 492 h., c. de Vigneulles.

Buzy, 687 h., c. d'Étain.

Cesse, 558 h., c. de Stenay.

Chaillon, 452 h., c. de Vigneulles.

Chalaines, 485 h., c. de Vaucouleurs. ⟶ Beau pont sur la Meuse. — Ancien château avec parc.

Champneuville, 584 h., c. de Charny.

Champlon, 118 h., c. de Fresnes.

Champougny, 215 h., c. de Vaucouleurs.

Chardogne, 488 h., c. de Vavincourt.

Charny, 414 h., sur la Meuse, ch.-l. de c. de l'arrond. de Verdun.

Charpentry, 156 h., c. de Varennes.

Chassey, 259 h., c. de Gondrecourt.

Châtillon-sous-les-Côtes, 501 h., c. d'Étain.

Chattancourt, 397 h., c. de Charny.

Chaumont-devant-Damvillers, 177 h., c. de Damvillers. ⟶ Château ruiné.

Chaumont-sur-Aire, 408 h., c. de Vaubecourt.

Chauvency-le-Château, 616 h., c.

de Montmédy. ⟶ Tour et château fort ruinés.

Chauvency-Saint-Hubert, 585 h., c. de Montmédy.

Chauvoncourt, 218 h., c. de Saint-Mihiel.

Chennevières, 111 h., c. de Void.

Cheppy, 506 h., c. de Varennes. ⟶ Église remarquable.

Chonville, 456 h., c. de Commercy. ⟶ Château ruiné.

Église de Commercy.

Cierges, 201 h., c. de Montfaucon. ⟶ Ancien château.

Claon (**Le**), 182 h., c. de Clermont.

Clermont-en-Argonne, 1,505 h., sur une colline dominant l'Aire, ch.-l. de c. de l'arrond. de Verdun.

Cléry-le-Grand, 186 h., c. de Dun.

Cléry-le-Petit, 165 h., c. de Dun.

Combles, 469 h., c. de Bar-le-Duc.

Combres, 465 h., c. de Fresnes.

Commercy, V. de 5,151 h., ch.-l. d'arrond., sur un bras de la Meuse. ⟶ *Château* (transformé en caserne) reconstruit dans le style du XVIIe s. — *Église* du XVIIe s. — *Statue* en bronze du bénédictin D. Calmet (1865). — *Fontaine* monumentale. — Belles *promenades*.

Condé-en-Barrois, 846 h., c. de Vavincourt. ⟶ Dans l'église, carreaux émaillés du XIIIe s.

Consenvoye, 666 h., c. de Montfaucon. ⟶ Beau pont sur la Meuse.

Contrisson, 680 h., c. de Revigny.

Corniéville, 452 h., c. de Commercy. ⟶ Ruines d'une abbaye de Prémontrés de 1150.

Courcelles-aux-Bois, 157 h., c. de Pierrefitte.

Courcelles-sur-Aire, 214 h., c. de Vaubecourt.

Courouvre, 194 h., c. de Pierrefitte.

Cousancelles, 419 h., c. d'Ancerville.

Cousances-aux-Bois 185 h., c. de Commercy.

Cousances-aux-Forges, 1,461 h., c. d'Ancerville.

Couvertpuis, 261 h. c. de Montiers.

Couvonges, 500 h., c. de Revigny. ⟶ Château ruiné.

Crépion, 151 h., c. de Damvillers.

Creuë, 610 h., c. de Vigneulles.

Cuisy, 215 h., c. de Montfaucon.

Château de Commercy.

Culey. 510 h., c. de Ligny-en-Barrois.

Cumières. 246 h., c. de Charny.

Cunel, 178 h. c. de Montfaucon.

Dagonville, 264 h., c. de Commercy.

Dainville-Bertheleville, 647 h., c. de Gondrecourt.

Damloup, 280 h., c. d'Étain.

Dammarie, 696 h., c. de Montiers. ⟶ Restes d'un prieuré.

Damvillers, 840 h., sur la Tinte, ch.-l. de c. de l'arrond. de Montmédy.

⟶ Anciens remparts. — Statue du général Gérard.

Dannevoux, 613 h., c. de Montfaucon.

Darmont, 56 h., c. d'Étain.

Delouze, 198 h., c. de Gondrecourt.

Deiut, 550 h., c. de Damvillers. ⟶ Sépultures anciennes.

Demange-aux-Eaux, 809 h., c. de Gondrecourt.

Deuxnouds-aux-Bois, 242 h., c. de Vigneulles.

Deuxnouds-devant-Beauzée, 203 h., c. de Triaucourt.

Dieppe, 493 h., c. d'Étain.

Dieue, 847 h., c. de Verdun. ⟫⟶ Église moderne.

Dombasle, 494 h., c. de Clermont.

Dombras, 447 h., c. de Damvillers..

Dommartin-la-Montagne, 197 h., c. de Fresnes.

Dompcevrin, 569 h., c. de Pierrefitte.

Dompierre-aux-Bois, 504 h., c. de Vigneulles.

Domremy-aux-Bois, 175 h., c. de Commercy.

Domremy-la-Canne, 57 h., c. de Spincourt.

Doncourt-aux-Templiers, 282 h., c. de Fresnes.

Douaumont, 189 h., c. de Charny.

Doulcon, 206 h., c. de Dun. ⟫⟶ Fontaine pétrifiante de Jupille.

Dugny, 790 h., c. de Verdun. ⟫⟶ Clocher du xiiᵉ s., avec comble du xivᵉ s.

Dun-sur-Meuse, 959 h., ch.-l. de c. de l'arrond. de Montmédy. ⟫⟶ Château ruiné. — Souterrain qui, partant de la haute ville, aboutit à une montagne voisine.

Duzey, 85 h., c. de Spincourt.

Écouviez, 181 h., c. de Montmédy.

Écurey, 510 h., c. de Damvillers.

Eix, 553 h., c. d'Étain.

Éparges (**Les**), 287 h., c. de Fresnes.

Épiez, 190 h., c. de Vaucouleurs.

Épinonville, 402 h., c. de Montfaucon.

Érize-la-Brûlée, 217 h., c. de Vavincourt.

Érize-la-Grande, 255 h., c. de Vaubecourt.

Érize-la-Petite, 139 h., c. de Vaubecourt.

Érize-Saint-Dizier, 274 h., c. de Vavincourt.

Ernecourt, 185 h., c. de Commercy.

Esnes, 577 h., c. de Varennes.

Étain, 2,868 h., sur l'Orne, ch.-l. de c. de l'arrond. de Verdun. ⟫⟶ Église du xvᵉ s.; chœur remarquable. — Hôtel de ville moderne.

Éton, 346 h., c. de Spincourt.

Étraye, 155 h., c. de Damvillers.

Euville, 555 h., c. de Commercy.

Evres, 526 h., c. de Triaucourt.

Fains, 1,989 h., c. de Bar-le-Duc. ⟫⟶ Asile départemental d'aliénés.

Flabas, 183 h., c. de Damvillers. ⟫⟶ Fontaine de Saint-Maur, but de pèlerinage.

Flassigny, 194 h., c. de Montmédy.

Fleury-devant-Douaumont, 578 h., c. de Charny.

Fleury-sur-Aire, 515 h., c. de Triaucourt.

Foameix, 179 h., c. d'Étain.

Fontaines, 290 h., c. de Dun.

Forges, 633 h., c. de Montfaucon.

Foucaucort, 240 h., c. de Triaucourt.

Fouchères, 296 h., c. de Montiers.

Frémeréville, 295 h., c. de Commercy.

Fresnes-au-Mont, 267 h., c. de Pierrefitte. ⟫⟶ Jolie église moderne.

Fresnes-en-Woëvre, 893 h., sur le Langeau, ch.-l. de c. de l'arrond. de Verdun. ⟫⟶ Restes d'une porte de ville.

Froidos, 416 h., c. de Clermont.

Fromeréville, 563 h., c. de Charny.

Fromezey, 190 h., c. d'Étain.

Futeau, 1,001 h., c. de Clermont.

Génicourt-sous-Condé, 100 h., c. de Vavincourt.

Génicourt-sur-Meuse, 337 h., c. de Verdun. ⟫⟶ Église ancienne; vitraux gothiques. — Château ruiné.

Gérauvilliers, 186 h., c. de Gondrecourt.

Gercourt-et-Drillancourt, 402 h., c. de Montfaucon.

Germain (**Saint-**), 408 h., c. de Vaucouleurs.

Géry, 278 h., c. de Vavincourt.

Gesnes, 243 h., c. de Montfaucon.

Gibercy, 75 h., c. de Damvillers.

Gimécourt, 145 h., c. de Pierrefitte.

Gincrey, 216 h., c. d'Étain.

Girauvoisin, 195 h., c. de Commercy.

Gironville, 519 h., c. de Commercy.

Givrauval, 368 h., c. de Ligny-en-Barrois.

Gondrecourt, 1,822 h., sur l'Ornain, ch.-l. de c. de l'arrond. de Commercy.

Gouraincourt, 192 h., c. de Spincourt.

Goussainconrt, 321 h., c. de Vaucouleurs. ⟶ Chapelle construite, dit-on, à l'endroit où Jeanne d'Arc fit vœu d'aller défendre le roi. — Château.

Gremilly, 411 h., c. de Damvillers.

Grimaucourt-en-Woëvre, 520 h., c. d'Étain.

Grimaucourt-près-Sampigny, 501 h., c. de Commercy.

Guerpont, 552 h., c. de Ligny-en-Barrois.

Gussainville, 71 h., c. d'Étain. ⟶ Ancien château.

Hadonville-lès-Lachaussée, 75 h., c. de Vigneulles.

Haironville, 578 h., c. d'Ancerville.

Halles, 494 h., c. de Stenay.

Han-devant-Pierrepont, 240 h., c. de Spincourt.

Han-lès-Juvigny, 260 h., c. de Montmédy.

Han-sur-Meuse, 188 h., c. de Saint-Mihiel.

Hannonville-sous-les-Côtes, 1,052 h., c. de Fresnes. ⟶ Ancien château.

Haraumont, 151 h., c. de Dun.

Hargeville, 556 h., c. de Vavincourt.

Harville, 217 h., c. de Fresnes.

Hattonchâtel, 409 h., c. de Vigneulles. ⟶ Dans l'église, mausolée de Gérard de Haraucourt, évêque de Verdun ; crèche. œuvre de Richier (1523). — Ancien calvaire (mon. hist.).

Hattonville, 404 h., c. de Vigneulles.

Haucourt, 91 h., c. de Spincourt.

Haudainville, 799 h., c. de Verdun.

Haudiomont, 613 h., c. de Fresnes. ⟶ Château ruiné.

Haumont-lès-Lachaussée, 194 h., c. de Vigneulles.

Haumont-près-Samogneux, 213 h., c. de Montfaucon.

Hautecourt, 156 h., c. d'Étain.

Heippes, 272 h., c. de Souilly. ⟶ Ancien prieuré converti en ferme.

Hennemont, 418 h., c. de Fresnes.

Herbeuville, 613 h., c. de Fresnes.

Herméville, 728 h., c. d'Étain.

Heudicourt, 608 h., c. de Vigneulles. ⟶ Ruines de forteresses construites sous Charlemagne.

Hévilliers, 508 h., c. de Montiers.

Hilaire Saint-), 212 h., c. de Fresnes.

Horville, 161 h., c. de Gondrecourt.

Houdelaincourt, 624 h., c. de Gondrecourt.

Houdelaucourt, 170 h., c. de Spincourt. ⟶ Dans l'église, carrelage historié du xiiie s.

Inor, 586 h., c. de Stenay. ⟶ Ancien château.

Ippécourt, 341 h., c. de Triaucourt.

Iré-le-Sec, 517 h., c. de Montmédy.

Islettes Les), 1,465 h., c. de Clermont.

Issoncourt, 161 h., c. de Triaucourt.

Jametz, 736 h., c. de Montmédy. ⟶ Ruines d'un château fort.

Jean-lès-Buzy Saint-), 401 h., c. d'Étain.

Joire (Saint-), 613 h., c. de Gondrecourt.

Jonville, 456 h., c. de Vigneulles.

Jouy-devant-Dombasle, 196 h., c. de Clermont.

Jouy-sous-les-Côtes, 720 h., c. de Commercy.

Jubécourt, 224 h., c. de Clermont.

Julien (Saint-), 512 h., c. de Commercy.

Julvécourt, 261 h., c. de Souilly.

Juvigny-en-Perthois, 506 h., c. d'Ancerville.

Juvigny-sur-Loison, 831 h., c. de Montmédy. ⟶ Ruines d'une abbaye de Bénédictins.

Kœur-la-Grande, 319 h., c. de Pierrefitte.

Kœur-la-Petite, 434 h., c. de Pierrefitte. ⟶ Château.

Labeuville, 509 h., c. de Fresnes.

Lachalade, 546 h., c. de Varennes. ⟶ Ancienne abbaye de Cîteaux ; ruines de l'église (mon. hist.) du xive s.; peintures décoratives du xive s.

Lachaussée, 525 h., c. de Vigneulles.

Lacroix-sur Meuse, 918 h., c. de

Saint-Mihiel. ⟶ Belle église moderne de style gothique. — Belles fontaines.

Lahaymeix, 555 h., c. de Pierrefitte.

Lahayville, 58 h., c. de Saint-Mihiel.

Laheycourt, 1,012 h., c. de Vaubecourt.

Laimont, 656 h., c. de Revigny.

Lamarche-en-Woëvre, 54 h., c. de Vigneulles.

Lamorville, 510 h., c. de Vigneulles.

Lamouilly, 288 h., c. de Stenay.

Landrecourt, 191 h., c. de Souilly.

Landzécourt, 114 h., c. de Montmédy.

Laneuville-au-Rupt, 596 h., c. de Void.

Laneuville-sur-Meuse, 552 h., c. de Stenay.

Lanhères, 191 h., c. d'Étain.

Latour-en-Woëvre, 215 h., c. de Fresnes. ⟶ Ruines d'un château fort.

Laurent (Saint-), 752 h., c. de Spincourt.

Lavallée, 298 h., c. de Pierrefitte.

Lavignéville, 261 h., c. de Vigneulles.

Lavincourt, 195 h., c. d'Ancerville.

Lavoye, 546 h., c. de Triaucourt. ⟶ Ruines d'un *vicus*.

Lemmes, 292 h., c. de Souilly.

Lempire, 100 h., c. de Souilly.

Lérouville, 982 h., c. de Commercy.

Levoncourt, 205 h., c. de Pierrefitte.

Lignières, 227 h., c. de Pierrefitte.

Ligny-en-Barrois, 4,211 h., sur l'Ornain, ch.-l. de c. de l'arrond. de Bar-le-Duc. ⟶ Restes importants des fortifications ; tour ronde de Luxembourg (mon. hist.), autrefois adossée à un manoir féodal ruiné au xive s. — Dans l'église paroissiale, tombeau de saint Pierre de Luxembourg. — Belles promenades.

Liny-devant-Dun, 525 h., c. de Dun.

Lion-devant-Dun, 565 h., c. de Dun.

Liouville, 285 h., c. de Saint-Mihiel.

Lisle-en-Barrois, 565 h., c. de Vaubecourt. ⟶ Ruines d'une abbaye.

Lisle-en-Rigault, 680 h., c. d'Ancerville. ⟶ Château ; riche collection d'armures.

Lissey, 429 h., c. de Damvillers.

Loisey, 515 h., c. de Ligny-en-Barrois.

Loison, 575 h., c. de Spincourt.

Longchamps, 428 h., c. de Pierrefitte.

Longeaux, 280 h., c. de Ligny-en-Barrois.

Longeville, 1,087 h., c. de Bar-le-Duc. ⟶ Restes de fortifications.

Loupmont, 479 h., c. de Saint-Mihiel.

Louppy-le-Château, 455 h., c. de Vaubecourt. ⟶ Château ruiné.

Louppy-le-Petit, 415 h., c. de Vaubecourt.

Louppy-sur-Loison, 459 h., c. de Montmédy. ⟶ Château remarquable, bâti sur les ruines d'une forteresse ; beaux jardins.

Louvemont, 253 h., c. de Charny.

Loxéville, 195 h., c. de Commercy.

Luméville, 216 h., c. de Gondrecourt.

Luzy, 317 h., c. de Stenay.

Maizeray, 108 h., c. de Fresnes.

Maizey, 589 h., c. de Saint-Mihiel.

Malancourt, 1,067 h., c. de Varennes.

Malaumont, 116 h., c. de Commercy.

Mandres, 394 h., c. de Montiers.

Mangiennes, 850 h., c. de Spincourt.

Manheulles, 486 h., c. de Fresnes. ⟶ Château moderne.

Marats (Les), 400 h., c. de Vaubecourt.

Marbotte, 159 h., c. de Saint-Mihiel. ⟶ Ferme de la commanderie, ancienne maison de Templiers.

Marchéville, 224 h., c. de Fresnes.

Marre, 593 h., c. de Charny.

Marson, 161 h., c. de Void.

Martincourt, 199 h., c. de Stenay.

Marville, 1,092 h., c. de Montmédy. ➡ Ruines d'une ancienne villa. — Vestiges de fortifications. — Très ancienne église près du cimetière.

Maucourt, 249 h., c. d'Étain.

Maulan. 160 h., c. de Ligny-en-Barrois.

Maurice-sous-les Côtes (Saint-), 758 h., c. de Vigneulles.

Mauvages, 588 h., c. de Gondrecourt. ➡ Fontaine remarquable. —Tunnel du canal de la Marne au Rhin (4,875 mèt.).

Maxey-sur-Vaise, 552 h., c. de Vaucouleurs.

Mécrin. 476 h., c. de Commercy. ➡ Église du VIᵉ ou du XIIᵉ s.

Méligny-le-Grand, 267 h., c. de Void.

Méligny-le-Petit, 154 h., c. de Void.

Menaucourt, 490 h., c. de Ligny-en-Barrois.

Ménil-aux-Bois, 174 h., c. de Pierrefitte.

Saint-Mihiel.

Ménil-la-Hougue, 555 h., c. de Void.

Ménil-sur-Saulx, 1,542 h., c. de Montiers.

Merles, 484 h., c. de Damvillers.

Mesnil-sous-les-Côtes, 517 h., c. de Fresnes.

Mihiel (Saint-), V. de 5,178 h., ch.-l. de c. de l'arrond. de Commercy, sur la Meuse. ➡ *Église paroissiale*, bel édifice du XVIIᵉ s.; dans la chapelle des fonts baptismaux, charmante sculpture attribuée à Ligier Richier (Enfant jouant avec deux têtes de morts); au fond du chœur, Vierge, défaillante; groupe en bois attribué au même artiste. — *Église Saint-Étienne;* admirable groupe (mon. hist.) représentant la Mise au tombeau, et également attribué au célèbre artiste lorrain. — Hôtel de ville moderne. — Anciennes *maisons*, rue du Rempart et rue Notre-Dame. — *Monument commémoratif* élevé au général Blaise, tué en 1870 au siège de Paris. — *Fontaine monumentale*, sur la place des Halles. — *Pont*, sur la Meuse. — *Promenades* de Procheville et des Capucins. — Énormes rochers dominant la Meuse, nommés, les *falaises de Saint-Mihiel*.

Milly, 460 h., c. de Dun. »»—→ Pierre levée de la *Hotte-du-Diable*.

Mogeville, 348 h., c. d'Étain.

Mognéville, 653 h., c. de Revigny.

Moirey, 150 h., c. de Damvillers.

Mondrecourt, 84 h., c. de Triaucourt

Mont-devant-Sassey, 486 h., c. de Dun. »»—→ Belle église romane : nef de transition ; riche portail du XIII° s.; clocher du XIV° s.; porche de la Renaissance ; crypte.

Mont-sous-les-Côtes, 242 h., c. de Fresnes. »»—→ Jolie église moderne.

Montblainville, 457 h.,'c. de Varennes. »»—→ Camp romain dit château de Charlemagne.

Montbras, 64 h., c. de Vaucouleurs. »»—→ Château avec tourelles, du XVI° s.

Montfaucon, 956 h., ch.-l. de c. de l'arrond. de Montmédy, près des sources de l'Andon et du faîte entre Aire et Meuse. »»—→ Église, ancienne abbatiale.

Monthairons (**Les**), 650 h., c. de Souilly.

Montiers-sur-Saulx, 1,342 h., ch.-l. de c. de l'arrond. de Bar-le-Duc, près d'une forêt.

Montigny-devant-Sassey, 504 h., c. de Dun. »»—→ Ancien château converti en ferme.

Montigny-lès-Vaucouleurs, 515 h., c. de Vaucouleurs.

Montmédy, V. de 2,056 h., ch.-l. d'arrond., dans une position pittoresque sur le bord de la Chiers. »»—→ Dans la ville haute : *église du* XVIII° s., dont la façade s'appuie contre deux tours carrées ; *place d'Armes*. —Dans la ville basse : *église* moderne ; *caserne*, *hôpital*.

Montplonne, 286 h., c. d'Ancerville.

Montsec, 299 h., c. de Saint-Mihiel. »»—→ Château ruiné.

Montzéville, 577 h., c. de Charny.

Moranville, 190 h., c. d'Étain.

Morgemoulin, 277 h., c. d'Étain.

Morlaincourt, 302 h., c. de Ligny-en-Barrois.

Morley, 618 h., c. de Montiers.

Mouilly, 734 h., c. de Fresnes.

Moulainville, 466 h., c. d'Étain.

Moulins, 426 h., c. de Stenay.

Moulotte, 196 h., c. de Fresnes.

Mouzay, 1,628 h., c. de Stenay.

Murvaux, 639 h., c. de Dun.

Mussey, 532 h., c. de Revigny.

Muzeray, 288 h., c. de Spincourt.

Naives-devant-Bar, 577 h., c. de Vavincourt.

Naives-en-Blois, 512 h., c. de Void.

Naix-aux-Forges, 508 h., c. de Ligny-en-Barrois. »»—→ Nombreux débris romains.

Nançois-le-Grand, 246 h., c. de Commercy.

Nançois-le-Petit, 475 h., c. de Ligny-en-Barrois.

Nant-le-Grand, 321 h., c. de Ligny-en-Barrois.

Nantillois, 500 h., c. de Montfaucon. »»—→ Ruines d'un château fort.

Nantois, 167 h., c. de Ligny-en-Barrois. »»—→ Vestiges de la ville antique de *Nasium* (?).

Nepvant, 221 h., c. de Stenay.

Nettancourt, 526 h., c. de Revigny.

Neufour (**Le**), 283 h., c. de Clermont.

Neuville-en-Verdunois, 520 h., c. de Pierrefitte. »»—→ Ancien château.

Neuville-lès-Vaucouleurs, 377 h., c. de Vaucouleurs.

Neuville-sur-Orne, 720 h., c. de Revigny.

Neuvilly, 681 h., c. de Clermont.

Nicey, 287 h., c. de Pierrefitte.

Nixéville, 371 h., c. de Souilly.

Nonsard, 393 h., c. de Vigneulles.

Nouillonpont, 569 h., c. de Spincourt.

Noyers, 329 h., c. de Vaubecourt.

Nubécourt, 529 h., c. de Triaucourt.

Oëy, 252 h., c. de Ligny-en-Barrois.

Olizy, 592 h., c. de Stenay.

Ollières, 63 h., c. de Spincourt.

Ornel, 51 h., c. d'Étain.

Ornes, 1,100 h., c. de Charny.

Osches, 244 h., c. de Souilly.

Ourches, 441 h., c. de Void.

Pagny-la-Blanche-Côte, 560 h., c. de Vaucouleurs.

Pagny-sur-Meuse, 778 h., c. de Void. ➽—➤ Beau pont sur la Meuse.

Pareid, 285 h., c. de Fresnes.

Parfondrupt, 217 h., c. d'Étain.

Paroches (Les), 405 h., c. de Saint-Mihiel.

Parois, 358 h., c. de Clermont.

Peuvillers, 217 h., c. de Damvillers.

Pierrefitte, 564 h., ch.-l. de c. de l'arrond. de Commercy, sur l'Aire.

Pierrevillers (Saint-), 369 h., c. de Spincourt. ➽—➤ Église à créneaux; inscription de 1304.

Pillon, 550 h., c. de Spincourt.

Pintheville, 208 h., c. de Fresnes.

Pont-sur-Meuse, 273 h., c. de Commercy.

Pouilly, 509 h., c. de Stenay. ➽—➤ Presbytère, ancienne maison seigneuriale.

Pretz, 274 h., c. de Triaucourt.

Quincy, 531 h., c. de Montmédy.

Rambluzin-et-Benoîtevaux, 450 h., c. de Souilly. ➽—➤ A Benoîtevaux, petite église antique. — Sites pittoresques.

Rambucourt, 455 h., c. de Saint-Mihiel.

Rampont, 252 h., c. de Souilly.

Rancourt, 458 h., c. de Revigny.

Ranzières, 343 h., c. de Saint-Mihiel.

Rarécourt, 761 h., c. de Clermont.

Raulecourt, 500 h., c. de Saint-Mihiel.

Réchicourt, 210 h., c. de Spincourt.

Récicourt, 456 h., c. de Clermont.

Recourt, 524 h., c. de Souilly.

Reffroy, 407 h., c. de Void.

Regnéville, 91 h., c. de Montfaucon.

Rembercourt-aux-Pots, 645 h., c. de Vaubecourt. ➽—➤ Belle église (mon. hist.), du XVᵉ s., à 3 nefs; chapelles latérales et double transsept.

Remennecourt, 98 h., c. de Revigny.

Remoiville, 474 h., c. de Montmédy. ➽—➤ Église remarquable.

Remy (Saint-), 515 h., c. de Fresnes.

Resson, 554 h., c. de Vavincourt.

Réville, 421 h., c. de Damvillers.

Riaville, 158 h., c. de Fresnes.

Ribeaucourt, 365 h., c. de Montiers.

Richecourt, 159 h., c. de Saint-Mihiel.

Rignaucourt, 85 h., c. de Vaubecourt.

Rigny-la-Salle, 640 h., c. de Vaucouleurs.

Rigny-Saint-Martin, 445 h., c. de Vaucouleurs.

Robert-Espagne, 1,157 h., c. de Bar-le-Duc.

Roises (Les), 112 h., c. de Gondrecourt.

Romagne-sous-les-Côtes, 582 h., c. de Damvillers. ➽—➤ Château de la Millère.

Romagne-sous-Montfaucon, 615 h., c. de Montfaucon. ➽—➤ Ruines d'un couvent brûlé par Philippe le Bel.

Ronvaux, 260 h., c. de Fresnes.

Rosières-devant-Bar, 501 h., c. de Vavincourt.

Rosières-en-Blois, 445 h., c. de Gondrecourt.

Rosnes, 258 h., c. de Vavincourt. ➽—➤ Ancien château.

Rouvres, 648 h., c. d'Étain.

Rouvrois-sur-Meuse, 341 h., c. de Saint-Mihiel.

Rouvrois-sur-Othain, 385 h., c. de Spincourt.

Rumont, 145 h., c. de Vavincourt.

Rupt-aux-Nonains, 653 h., c. d'Ancerville.

Rupt-devant-Saint-Mihiel, 249 h., c. de Pierrefitte.

Rupt-en-Woëvre, 662 h., c. de Verdun.

Rupt-sur-Othain, 157 h., c. de Damvillers. ➽—➤ Château féodal bien conservé, flanqué de deux tourelles; vaste parc.

Salmagne, 556 h., c. de Ligny-en-Barrois.

Samogneux, 275 h., c. de Charny.

Sampigny, 1,028 h., c. de Pierrefitte. ⟶ Ancien château transformé en caserne.

Sassey. 557 h., c. de Dun.

Saudrupt, 565 h., c. d'Ancerville.

Saulmory-et-Villefranche, 279 h., c. de Dun. ⟶ Restes des fortifications : porte, souterrains, fossés et pavillon avec tourelle, converti en auberge.

Saulx-en-Barrois, 171 h., c. de Void.

Saulx-en-Woëvre, 509 h., c. de Fresnes.

Sauvigny, 655 h., c. de Vaucouleurs.

Sauvoy, 207 h., c. de Void. ⟶ Belles sources.

Savonnières-devant-Bar, 525 h., c. de Bar-le-Duc.

Savonnières-en-Perthois, 605 h., c. d'Ancerville.

Savonnières-en-Woëvre, 120 h., c. de Vigneulles.

Seigneulles, 425 h., c. de Vavincourt.

Senard, 265 h., c. de Triaucourt.

Senon, 859 h., c. de Spincourt. ⟶ Église remarquable du xvᵉ s. — Bains gallo-romains.

Senoncourt, 567 h., c. de Souilly. ⟶ Jolie église moderne.

Senonville, 174 h., c. de Vigneulles.

Septarges, 295 h., c. de Montfaucon.

Sepvigny, 266 h., c. de Vaucouleurs.

Seraucourt, 115 h., c. de Triaucourt.

Seuzey. 412 h., c. de Vigneulles.

Silmont, 120 h., c. de Ligny-en-Barrois.

Sivry-la-Perche, 400 h., c. de Verdun.

Sivry-sur-Meuse, 918 h., c. de Montfaucon.

Sommaisne, 68 h., c. de Vaubecourt.

Sommedieue, 1,197 h., c. de Verdun.

Sommeilles, 185 h., c. de Vaubecourt.

Sommelonne, 470 h., c. d'Ancerville.

Sorbey, 459 h., c. de Spincourt.

Sorcy-Saint-Martin, 1,254 h., c. de Void. ⟶ Ancienne abbaye de Bénédictins.

Souhesmes (Les), 362 h., c. de Souilly.

Souilly. 824 h., ch.-l. de c. de l'arrond. de Verdun, près des sources de la Cousance. ⟶ Église gothique moderne.

Spada, 250 h., c. de Saint-Mihiel.

Stainville, 998 h., c. d'Ancerville.

Stenay, 2,819 h., ch.-l. de c. de l'arrond. de Montmédy, sur la Meuse. ⟶ Découverte d'antiquités. — Belles casernes.

Taillancourt, 552 h., c. de Vaucouleurs.

Tannois, 567 h., c. de Ligny-en-Barrois.

Thierville, 650 h., c. de Charny.

Thillombois, 180 h., c. de Pierrefitte.

Thillot, 498 h., c. de Fresnes.

Thonne-la-Long, 457 h., c. de Montmédy.

Thonne-le-Thil, 787 h., c. de Montmédy.

Thonne-les-Prés, 588 h., c. de Montmédy. ⟶ Ancien château.

Thonnelle, 522 h., c. de Montmédy. ⟶ Château ; beau parc.

Tilly, 510 h., c. de Souilly.

Tourailles, 88 h., c. de Gondrecourt.

Trémont, 625 h., c. de Bar-le-Duc.

Trésauvaux, 219 h., c. de Fresnes.

Tréveray, 852 h., c. de Gondrecourt. ⟶ Jolie église moderne.

Triaucourt, 1,051 h., ch.-l. de c. de l'arrond. de Bar-le-Duc, sur l'Evre. ⟶ Antiquités romaines.

Triconville, 258 h., c. de Commercy.

Tronville, 472 h., c. de Ligny-en-Barrois.

Troussey, 588 h., c. de Void.

Troyon, 542 h., c. de Saint-Mihiel.

Ugny, 510 h., c. de Vaucouleurs.

Vacherauville, 553 h., c. de Charny.

Vacon, 219 h., c. de Void.

Vadelaincourt, 155 h., c. de Souilly.

Vadonville, 362 h., c. de Commercy.

Varennes-en-Argonne, 1459 h., ch.-l. de c. de l'arrond. de Verdun, sur l'Aire. ⟶ Restes d'un ancien château. — Belle place.

Varnéville, 548 h., c. de Saint-Mihiel.

Varney, 157 h., c. de Revigny.

Varvinay, 251 h., c. de Vigneulles.

Vassincourt, 185 h., c. de Revigny.

Vaucouleurs, 2,695 h., ch.-l. de c. de l'arrond. de Commercy, sur la Haute Meuse. ⟶ A Thusey, beau château. — Châteaux ruinés de Gombervaux et de la vallée de Burniqueville, transformés en fermes.

Vaudeville, 256 h., c. de Gondrecourt.

Vauloncourt, 166 h., c. de Spincourt.

Vauquois, 259 h., c. de Varennes. ⟶ Jolie église.

Vaux-devant-Damloup, 520 h., c. de Charny.

Vaux-la-Grande, 148 h., c. de Void.

Vaux-la-Petite, 159 h., c. de Void.

Vaux-lès-Palameix, 561 h., c. de Vigneulles.

Vavincourt, 596 h., ch.-l. de c. de l'arrond. de Bar-le-Duc, sur le faîte, entre l'Ornain et la Chée.

Véel, 209 h., c. de Bar-le-Duc.

Velaines, 664 h., c. de Ligny-en-Barrois.

Velosnes, 267 h., c. de Montmédy. ⟶ Ruines d'un château féodal.

Verdun-sur-Meuse, V. de 15,781 h., ch.-l. d'arrond., sur la Meuse, qui se divise en cinq bras. ⟶ *Cathédrale* (mon. hist.) en partie des xi⁴ et xii⁴ s., modifiée, à l'intérieur, du xiv⁴ au xvii⁴ s.; belles sculptures dans l'abside; restes d'une crypte du xi⁴ s. avec peinture du xiv⁴. — *Cloître* du xv⁴ s. reliant la cathédrale au *grand séminaire*. — *Palais épiscopal* moderne; beau jardin. — *Synagogue* incendiée par les Allemands en 1870 et reconstruite depuis. — *Porte chaussée* (prison militaire), composée de deux grosses tours du moyen âge. — *Musée*: histoire naturelle, antiquités gallo-romaines, tableaux. — *Statue*, en bronze, du lieutenant général Chevert, sur la place Sainte-Croix. — *Forts* détachés, construits depuis 1871 sur les collines qui entourent la ville. — *Citadelle* établie sur l'emplacement d'une abbaye fondée au x⁴ s. et dont une partie est occupée par les casernes. — Jolies *promenades de la Roche et de la Digue*.

Verneuil-Grand, 572 h., c. de Montmédy.

Verneuil-Petit, 208 h., c. de Montmédy.

Vertuzey, 275 h., c. de Commercy. ⟶ Ruines d'un château de 1559.

Véry, 515 h., c. de Varennes.

Viéville-sous-les-Côtes, 555 h., c. de Vigneulles.

Vigneul-sous-Montmédy, 305 h., c. de Montmédy.

Vigneulles-lès-Hattonchâtel, 951 h., ch.-l. de c. de l'arrond. de Commercy, près des sources de l'Yron.

Vignot, 969 h., c. de Commercy. ⟶ Source salée.

Ville-devant-Belrain, 110 h., c. de Pierrefitte.

Ville-devant-Chaumont, 167 h., c. de Damvillers.

Ville-en-Woëvre, 488 h., c. de Fresnes. ⟶ Château.

Ville-Issey, 401 h., c. de Commercy. ⟶ Belle église moderne. — Restes d'un ancien château.

Ville-sur-Cousance, 289 h., c. de Souilly.

Ville-sur-Saulx, 582 h., c. d'Ancerville.

Villécloye, 459 h., c. de Montmédy.

Villeroy, 190 h., c. de Void.

Villers-aux-Vents, 555 h., c. de Revigny.

Villers-devant-Dun, 197 h., c. de Dun.

Villers-le-Sec, 450 h., c. de Montiers.

Villers-lès-Mangiennes, 258 h., c. de Spincourt.

Villers-sous-Bonchamp, 82 h., c. de Fresnes.

Villers-sous-Pareid, 175 h., c. de Fresnes.

Villers-sur-Meuse, 284 h., c. de Souilly.

Villotte-devant-Louppy, 524 h., c. de Vaubecourt.

Villotte-devant-Saint-Mihiel, 581 h., c. de Pierrefitte.

Vilosnes, 488 h., c. de Dun.

Vittarville, 225 h., c. de Damvillers.

Void, 1,251 h., ch.-l. de c. de l'arrond. de Commercy, sur le Vidus, près de la Meuse. ⟫⟶ Restes d'un ancien château.

Vouthon-Bas, 259 h., c. de Gondrecourt.

Vouthon-Haut, 285 h., c. de Gondrecourt

Wadonville-en-Woëvre, 100 h., c. de Fresnes. ⟫⟶ Château converti en ferme.

Waly, 572 h., c. de Triaucourt.

Warcq, 256 h., c. d'Étain.

Watronville, 554 h., c. de Fresnes. ⟫⟶ Ancien château.

Wavrille, 171 h., c. de Damvillers.

Willeroncourt, 598 h., c. de Commercy.

Wiseppe, 285 h., c. de Stenay.

Woel, 650 h., c. de Fresnes.

Woimbey, 586 h., c. de Pierrefitte.

Woinville, 501 h., c. de Saint-Mihiel.

Xivray-et-Marvoisin, 595 h., c. de Saint-Mihiel.

1968 — Imprimerie A. Lahure, rue de Fleurus, 9, à Paris.

Dressé par ADOLPHE JOANNE.

Les chiffres indiquent la hauteur en mètres au dessus du niveau de la m...

RARDENNES
LUXEMBOURG
Luxembourg
Raucourt
Mouzon
Virton (BELGE)
HOLLANDAIS
Beaumont
Longwy
Esch sur Alzette
Charency
M
Buzancy
Longuyon
O
THIONVILLE
Grand Pré
S
Briey
Hayange
Montfaucon
E
Étain
Conflans
Vienne-Château
METZ
VERDUN
Ste MÉNEHOULD
à Châlons
Gorze
Triaucourt
Th Sucourt
Vaubecourt
Pont-à-Mousson
Pierrefitte
Moselle R.
Revigny
Domèvre
Vavincourt
TOUL-LA-REINE
Heitz
Sermaize
BAR-LE-DUC
COMMERCY
à Bienne
ST DIZIER
TOUL
Germain
SIGNES CONVENTIONNELS.

CHEF-LIEU DE DÉPt	
CHEF-LIEU D'ARRONDt	
Chef-lieu de Canton	
Commune	
Ville fortifiée	
Route Nationale	
Route Départementale	
Chemin Vicinal	
Chemin de fer exploité	
— id. — en Constn	
Canal	
Limite de Département	
— id. — d'Arrondissement	
— id. — de Canton	

VASSY
sur Blaise
Joinville
le Village
Poissons
VOSGES

Échelle Métrique (435000)

LIBRAIRIE HACHETTE ET Cie

A PARIS, BOULEVARD SAINT-GERMAIN, 79

NOUVELLE COLLECTION DES GÉOGRAPHIES DÉPARTEMENTALES

PAR AD. JOANNE

FORMAT IN-12 CARTONNÉ

Prix de chaque volume. . . . . 1 fr.

EN VENTE

Ain.	11 gravures,	1 carte.	Indre-et-Loire. .	21 gravures,	1 carte.
Aisne.	20	—	1 —	Isère.	10	—	1 —
Allier.	27	—	1 —	Jura	12	—	1 —
Alpes-Maritimes	15	—	1 —	Landes.	11	—	1 —
Ardèche	12	—	1 —	Loir-et-Cher. . .	15	—	1 —
Ardennes. . . .	11	—	1 —	Loire.	16	—	1 —
Ariége	8	—	1 —	Loire-Inférieure.	18	—	1 —
Aube.	12	—	1 —	Loiret.	22	—	1 —
Aude.	9	—	1 —	Lot.	8	—	1 —
Aveyron	11	—	1 —	Lot-et-Garonne.	12	—	1 —
Basses-Alpes . .	10	—	1 —	Maine-et-Loire..	22	—	1 —
Bouch.-du Rhône	21	—	1 —	Manche.	15	—	1 —
Calvados	11	—	1 —	Marne	12	—	1 —
Cantal	14	—	1 —	Mayenne. . . .	12	—	1 —
Charente. . . .	15	—	1 —	Meurthe — et —			
Charente-Infér .	11	—	1 —	Moselle. . . .	17	—	1 —
Cher	12	—	1 —	Meuse	9	—	1 —
Corrèze.	11	—	1 —	Morbihan . . .	15	—	1 —
Corse	11	—	1 —	Nièvre	9	—	1 —
Côte-d'Or. . . .	21	—	1 —	Nord..	17	—	1 —
Côtes-du-Nord .	10	—	1 —	Oise..	10	—	1 —
Deux-Sèvres . .	11	—	1 —	Orne.	15	—	1 —
Dordogne. . . .	11	—	1 —	Pas-de-Calais. .	9	—	1 —
Doubs	15	—	1 —	Puy-de-Dôme..	16	—	1 —
Drôme.	15	—	1 —	Pyrén.-Orient. .	15	—	1 —
Eure.	15	—	1 —	Rhône.	19	—	1 —
Eure-et-Loir . .	17	—	1 —	Saône-et-Loire .	20	—	1 —
Finistère . . .	16	—	1 —	Sarthe.	16	—	1 —
Gard.	12	—	1 —	Savoie	14	—	1 —
Gers	11	—	1 —	Seine-et-Marne .	15	—	1 —
Gironde.	11	—	1 —	Seine-et-Oise..	17	—	1 —
Haute-Garonne .	12	—	1 —	Seine-Inférieure.	15	—	1 —
Haute-Loire. . .	10	—	1 —	Somme..	12	—	1 —
Haute-Marne . .	12	—	1 —	Tarn	11	—	1 —
Haute-Saône . .	11	—	1 —	Tarn-et-Garonne	8	—	1 —
Haute-Savoie . .	19	—	1 —	Var.	12	—	1 —
Haute-Vienne .	11	—	1 —	Vaucluse	16	—	1 —
Hautes-Alpes .	18	—	1 —	Vendée.	11	—	1 —
Hautes-Pyrénées	11	—	1 —	Vienne.	15	—	1 —
Ille-et-Vilaine .	14	—	1 —	Vosges.	16	—	1 —
Indre.	22	—	1 —	Yonne.	17	—	1 —

IMPRIMERIE A. LAHURE, RUE DE FLEURUS, 9, A PARIS.

www.ingramcontent.com/pod-product-compliance
Lightning Source LLC
Chambersburg PA
CBHW050526210326
41520CB00012B/2451